乡村振兴农业高质量发展科学丛书

鲜食葡萄

◎ 陈迎春 等 编著

U0306622

中国农业科学技术出版社

图书在版编目（CIP）数据

鲜食葡萄/ 陈迎春等编著. --北京：中国农业科学技术出版社，2023.8
（2024.11重印）（乡村振兴农业高质量发展科学丛书）
ISBN 978-7-5116-6412-9

Ⅰ.①鲜…　Ⅱ.①陈…　Ⅲ.①葡萄栽培-普及读物　Ⅳ.①S663.1-49

中国国家版本馆 CIP 数据核字（2023）第 167452 号

责任编辑	白姗姗
责任校对	李向荣
责任印制	姜义伟　王思文

出 版 者	中国农业科学技术出版社
	北京市中关村南大街 12 号　　邮编：100081
电　　话	（010）82106638（编辑室）　　（010）82109702（发行部）
	（010）82109709（读者服务部）
网　　址	https://castp.caas.cn
经 销 者	各地新华书店
印 刷 者	北京虎彩文化传播有限公司
开　　本	170 mm×240 mm　1/16
印　　张	6.5
字　　数	125 千字
版　　次	2023 年 8 月第 1 版　2024 年 11 月第 2 次印刷
定　　价	36.00 元

乡村振兴实践过程中，针对农业产业发展遇到的理论、技术等各层面问题，组织科研人员精心撰写了《乡村振兴农业高质量发展科学丛书》，展现科学成就、兼顾科技指导和科学普及，助推乡村全面振兴。

《乡村振兴农业高质量发展科学丛书——鲜食葡萄》
编著名单

主 编 著　陈迎春

副主编著　韩　真　韩　燕

编 著 者（按姓氏笔画排序）

马玉姣　王延书　王显苏　王超萍

朱自果　刘　利　刘雪丽　李　勃

李秀杰　杨国伟　吴玉森　吴新颖

陈广霞　陈迎春　孟凡真　宫　磊

韩　真　韩　燕　虞光辉

目　　录

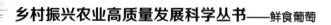

第一章
葡萄产业概述

1. 葡萄的经济效益如何？

在果树当中，葡萄是水果中进入结果期最早，且丰产、稳产的果树树种之一。一般定植后翌年就可开花结果，第三年以后产量便逐年递增并很快进入丰产期。

葡萄果粒如玉珠，形美、色艳、汁多、味甜，是人们非常喜爱的水果。葡萄除鲜食外，还能酿酒、制汁、制干，是所有果树中附加效益最高的树种之一。近些年来，随着乡村旅游的兴起，融特色文化、休闲产业于一体的葡萄特色旅游已成为多地乡村旅游的新亮点。在原有产业基础上，葡萄产业扩展为葡萄酒、绿色饮品、健康食品、特色旅游等关联产业，成为推动经济发展的重要引擎。

2. 葡萄的营养价值如何？

葡萄是营养物质丰富的一种水果。葡萄鲜果含有人体易于吸收的葡萄糖和果糖 15%~25%、蛋白质 0.15%~0.9%、有机酸 0.5%~1.5%、矿物质（包括磷、钾、钙、硫、铁等）及多种维生素（维生素 B_1、维生素 B_2、维生素 B_6、维生素 B_{12}、维生素 P）0.3%~0.5%。以上这些营养物质对幼儿发育和人体健康，是极为有益的。

3. 新形势下鲜食葡萄产业有哪些适宜模式？

随着消费者对优质果品需求的提高，鲜食葡萄产业也开始进入一个转型期，即从以产量为核心的种植模式向以品质为核心的种植模式的转型，这一转型蕴含了观念、技术、经营思路的全方位转变。

在观念上，树立以品质为核心的栽培理念，并按照这一理念去选择品种和种植模式、技术，并将这一理念贯彻于生产的各个环节。

在技术上，充分理解葡萄品质形成的机理，结合本地自然条件，采用相应的技术措施来促进品质提高、确保食品安全、规避栽培风险，灵活运用促成栽培、延迟栽培、避雨栽培、限根栽培等设施栽培形式，将种植园打造成兼具观光、农事体验、知识普及功能的田园综合体。

在经营思路上，要树立产业化的发展思维，树立诚信意识和品牌意识，以良好的操作规范和优质安全的果品为基础，本着公开、诚信的理念，寻找到与产品档次相匹配的消费者群体，建立与消费者良好的互动机制，让消费者了解果品的优良品质和安全性能，构建忠实的消费者群体，将品牌经营成产业发展的重要保障。

第二章
园地选择及建园技术

4. 什么样的地适合种葡萄?

在进行葡萄种植时,应首先进行园地评价,以确定土壤的葡萄种植适应性,主要是评价 3 个方面的指标,一是土壤酸碱度和含盐量,二是土壤养分有效性,三是土壤有机质、微生物群落及土壤的透气性。

(1) 土壤酸碱度和含盐量。葡萄对盐碱的抗性中等,葡萄在 pH 值 5.5~8.5 的土壤中均能生长,一般认为最适宜的 pH 值为 6.0~7.5,即中性偏酸的土壤更适合葡萄的生长。

(2) 土壤养分有效性。尽管土壤中有较丰富的营养元素,但绝大部分对植株来说是无效的,只有其中很少的一部分能够在短时期内被植株所吸收,这部分被称作土壤有效养分。

(3) 土壤有机质、微生物群落与土壤的透气性。土壤有机质是指土壤中含碳的有机化合物,自然状态下的来源主要是动植物的残体、排泄物和分泌物,农耕条件下人为施入的有机肥料等物质也构成了土壤有机质的重要来源。土壤微生物群落是土壤中的病毒、细菌、放线菌和土壤藻类等构成的生物群体。土壤透气性是土壤空气和大气进行交换的能力,及其土壤内部间气体扩散的能力。有机质的提高会促进土壤微生物活性;微生物的活动,会疏松土壤,并产生了一些促进根系生长的物质,对根系的生长有利。

5. 建园前整地要达到什么标准?

在建园前,应进行充分的规划和准备,避免仓促上马。应根据土地具体情况进行适当的园地规划和整理。

对于山坡地,坡度小于 15°的情况下,应整理成缓坡地,平整土地时应做到地面平整、坡度一致,切忌过大幅度削高填低,如遇局部坡降过大的,可整理成直坡并加以保护;坡度大于 15°但小于 30°的可整理成"外噘嘴、内流水"的梯田,以避免严重的水土流失;坡度大于 30°的不建议种植葡萄,要种植也只能整成鱼鳞坑等形式,难以实现规模化和集约化管理。

要实现葡萄的规模化、集约化管理,最重要的一点是进行标准化的定植,以适应机械化作业的要求。行距应在 2.2m 以上,并随埋土厚度的增加而增加。行头还应留出 4~6m 的回旋半径,以利于机械通行,为充分利用土地,可在行头结合道路来建设大棚架。

定植前,还应进行土壤结构的改良。因土壤表层土的厚度一般不足 20cm,而葡萄根系的集中分布层在 30~40cm 甚至更深,所以种植葡萄应进行挖沟改良，并施足有机肥。

在土地整理时，还应设置好灌溉和排涝设施，可采用明渠暗管相结合的方式。地内的排水沟结合地形设置，主干排水沟应与道路相结合，地势平坦的可用浅宽排水沟，坡度较大的可砌水渠并进行硬化，在连接处铺设管道后建桥。

6. 选择什么样的苗木？

根据品种自身特色，结合栽植的自然条件，发挥地理优势，采用5个以上饱满芽、10条以上发育完好根系、基部粗度0.5cm以上的扦插苗或者嫁接苗。

7. 什么时间适宜栽植？

每年春季萌芽前。

8. 什么方向栽植？

栽植以南北行向、垄长60~80m为宜，最长不超过100m。

9. 如何进行苗木消毒？

定植前一般消毒2次。第1次用50%辛硫磷500~800倍液浸泡苗木10~15min，晾干后第2天或定植前用5波美度石硫合剂浸泡苗木上部枝蔓2min以上，不可浸泡根部。

10. 定植沟怎么挖？

定植沟按南北行向，行距2.5~3.0m，丘岗坡地定植沟宽1.0~1.2m，深0.8~1.0m，平地定植沟宽0.6~0.8m，深0.5~0.6m。

11. 基肥用量为多少？

一般每亩（1亩≈667m²）需饼肥300kg，磷肥100~150kg，人畜粪2 500~5 000kg，25%葡萄专用复合肥100~150kg，锯木屑、稻草2 000kg左右。饼肥与磷肥混合发酵15d左右。

12. 基肥怎么施？

先将饼肥、磷肥、人畜粪各50%施沟底，深翻20cm左右，土与肥要充分拌匀，然后施入锯木屑、稻草，回填 50% 的土壤以后，再施入饼肥、磷肥、人畜粪、复合肥 50%。再回填剩余的土，撒入另外 50% 的复合肥，用旋耕机将土与肥拌匀，土壤经旋耕打碎后，再开沟整畦，宽 50cm 左右，地下水位较高的地区可以整理成垄，垄脊与沟底落差 40cm 左右。此项工作需在定植前一个月完成。

13. 苗木如何定植？

栽植前挑选合格健壮的嫁接苗木，基部粗度 0.5cm 以上，3~5 个饱满芽。定植时间以 2 月上旬为宜。栽植前按行距 2.5m，株距 1.8m，定点画线。栽植时根系要摆布均匀，填土 50% 时要轻轻提苗，再仔细填土，与地面相平后踏实，最后浇定根水，定植完后覆盖宽 1.2m、厚 0.14mm 的黑色地膜，打孔将苗引出膜外。

14. 什么是避雨栽培？

避雨栽培是利用简易的设施塑料薄膜覆盖，防止降雨对葡萄生长和结果的影响，从而保证葡萄正常成熟的一种特殊栽培方式。因地制宜地采用避雨栽培措施能明显减轻降雨对葡萄的影响，是一项有显著经济价值的葡萄防灾新方法。

15. 郓城一般有哪些避雨栽培模式？

避雨栽培主要有以下模式：①钢棚连栋大棚；②竹棚单栋大棚；③简易避雨棚。

16. 简易避雨棚上膜时间是什么时候？

避雨盖膜时间宜在 5 月上中旬。简易避雨棚一般采用耐高温聚乙烯长寿膜（EVA），宽 2.8m 左右，厚 0.6mm，于采果后撤除薄膜，以改善光照条件，增强植株的光合效能，从而提高花芽的质量。

第三章
品种与砧木

17. 葡萄的主要栽培种类有哪些？

葡萄属于葡萄科（Vitaceae）葡萄属（*Vitis*）植物，分布于北半球温带及亚热带地区。按地理分布，葡萄可分为3个种群：欧亚种群、东亚种群和北美种群。按用途可分为4种类型：鲜食品种、酿酒品种、制汁品种和制干品种。按成熟期可分为3种类型：早熟品种、中熟品种和晚熟品种。我国现有700多个葡萄品种，但在生产上栽培面积较大的品种只有40~50个。但其中直接或间接与目前栽培有关者不过20余种，其他都处于野生状态或作观赏之用。

18. 早熟葡萄品种希姆劳特有哪些特点？

又名喜乐，欧美杂交种，从美国引入。

果穗圆锥形，无副穗，果粒着生紧密，平均穗重约350g。自然生长下果粒小，平均粒重3g。果实黄绿色，果粉中等厚，皮薄；肉软多汁，味甜酸，平均可溶性固形物含量18%，有淡香草味。生产中需生长调节剂进行处理，可选用赤霉素，处理后最大粒重可增至8g，平均穗重增至750g，在无核葡萄中，属大粒大穗型品种。植株长势强，萌芽率和坐果率高，连年丰产，抗病性强，高抗黑痘病、霜霉病，但易感软腐病。在山东泰安地区，3月底萌芽，7月中旬开始成熟，为极早熟品种。宜棚架或大株距篱架栽培。

该品种坐果率高，生产中应注意疏花疏果，花前整穗。果实成熟后挂树较短，完全成熟后易掉粒，应注意及时采收。

19. 早熟葡萄品种红巴拉多有哪些特点？

又名红巴拉蒂，日本甲府市米山孝之于1997年用巴拉得和京秀杂交育成，欧亚种。

果穗圆锥形，平均穗重472g，果粒着生中等紧密，大小整齐。果粒椭圆形，平均粒重7.2g。鲜红或紫红色，果粉薄；皮薄肉脆、汁量中等，味甜，无香味，可溶性固形物含量18%。植株生长势较强，芽眼萌发力高，副梢结实力强，早果性、丰产性强。对霜霉病、炭疽病、白腐病抗性较强。在山东泰安地区，3月底萌芽，7月中旬果实成熟。棚架、篱架栽培均可，中、短梢修剪。

该品种早实，丰产性强，但负载量过大果实容易着色不良，生产中应注意控制产量，及时进行疏花疏果、果穗修整。

20. 早熟葡萄品种锦红有哪些特点？

由山东省果树研究所以乍娜为母本、里扎马特为父本杂交育成，欧亚种。

果穗圆锥形、紧凑，平均穗重 752g。果粒长圆形，整齐，平均粒重 7.8g；果皮紫红色，皮薄；果肉脆、多汁，可溶性固形物含量 18.5%。在济宁地区，冷棚栽培，1 月下旬萌芽，5 月中旬开始成熟，为极早熟品种。植株长势强，树体成型快，丰产稳产性好。设施栽培下果实上色快、着色均匀、果实品质好，穗形紧凑，可作高档果品生产。棚架、篱架栽培均可，冬季以短梢修剪为主。

该品种进行无核化和膨大处理后果粒显著增大，但种子处会产生空囊，影响果实品质。因此，生产中不推荐进行生长调节剂处理。自然生长下果穗稍大，花前需适当整穗。

锦红（李秀杰　拍摄）

21. 早熟葡萄品种早霞玫瑰有哪些特点？

由大连市农业科学研究院以白玫瑰香为母本、秋黑为父本杂交育成，欧亚种。

果穗圆锥形，有副穗，平均穗重 650g。果粒近圆形，大小一致，平均粒重 5.7g，果粒着生中等紧密。果实初成熟时鲜红色，充分成熟着色好，紫黑色。果粉中等厚，果肉硬脆，硬度适中，汁液中多，无肉囊，具有浓郁的玫瑰香味，可溶性固形物含量 19%。不裂果、不落粒，挂树时间一个月以上，极耐贮运，商品性好。植株生长势强，萌芽率高，花芽分化极好，耐弱光和散射光，着色好，是设施大棚栽培的更新换代品种，日光温室栽培可在4月成熟上市。在山东泰安地区，4月初萌芽，7月中旬即可成熟上市，属极早熟品种。

该品种是一个极易无核化的品种，较低浓度的赤霉素处理，就可得到90%以上的无核果，但无核处理后玫瑰香味变淡乃至消失。

22. 早熟葡萄品种南太湖特早有哪些特点？

夏黑的芽变，由浙江大学等单位共同选育。

果穗圆柱形，平均穗重603g；果粒近圆形，着生紧密，平均粒重8.1g；果皮紫黑色，果粉厚；无涩味，果肉硬脆，果皮与果肉易分离。口感香甜，有草莓香味，可溶性固形物含量21%。生长势强，萌芽率高，丰产，适应性好。在山东济宁地区，3月下旬萌芽，7月中旬成熟，比夏黑早熟10d左右。适宜棚架栽培，短梢修剪。抗病性较强，但避雨条件下，环境湿度大时容易感染灰霉病。

23. 早熟葡萄品种晨香有哪些特点？

欧亚种，由大连市农业科学院以白玫瑰香和白罗莎杂交获得。

果穗紧凑、整齐，平均穗重650g；果粒椭圆形，平均粒重10g。成熟时黄绿色，果肉细腻，香甜可口，可溶性固形物含量20%，具有纯正的玫瑰香味。果皮薄，可食用，无果锈，食用品质佳。植株长势旺，花芽分化好，枝条成熟度好，坐果适中，无须疏花疏果，产量高，耐贮运。该品种适应性和抗病性较好。江浙地区避雨栽培6月下旬即可上市，属极早熟品种。篱架和棚架栽培均可，短梢修剪。

温室栽培和结果初期易出现大小粒现象，需注意加强花期温度和肥水管理。

24. 早熟葡萄品种夏黑有哪些特点？

又名夏黑无核、东方黑珍珠，日本山梨县果树试验场由巨峰和二倍体无核白杂交育成的三倍体品种，欧美杂交种。

果穗圆锥形，有双歧肩，果穗大，平均穗重400g左右；果穗大小整齐，果粒着生紧密。果粒近圆形或短椭圆形，平均粒重3.5g。果皮紫黑色或蓝黑色，果粉厚，果皮厚而脆。果肉硬脆，无肉囊，果汁紫红色，有较浓的草莓香味，无核。植株长势极强，萌芽率高，丰产；适应性好，抗病性强；果实成熟后不裂果，不落粒。在山东泰安地区，4 月底萌芽，7 月下旬果实开始成熟。适宜棚架栽培，短梢修剪。

该品种为天然无核品种，果粒较小，生产中要进行膨大处理，但使用生长调节剂浓度稍大易导致花序弯曲和穗梗变粗，成熟期易落粒。

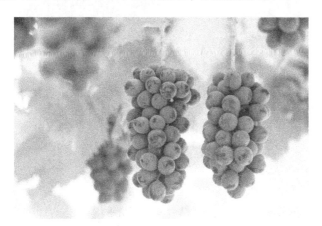

夏黑（李秀杰 拍摄）

25. 早熟葡萄品种无核翠宝有哪些特点？

由山西省农业科学院果树研究所以瑰宝和无核白鸡心杂交培育而成，欧亚种。

果穗圆锥形，有双歧肩，平均穗重 345g。果粒为倒卵圆形，平均果粒重 3.6g，果粒着生紧密。果皮薄，黄绿色；果肉硬脆，具玫瑰香味，可溶性固形物含量 17%，酸甜爽口、风味独特；果刷较短，果粒易脱落。植株生长势强，成花容易。在山东泰安地区，3 月底至 4 月初萌芽，8 月中旬果实开始成熟。抗霜霉病和白腐病能力较强，对白粉病较为敏感。棚架、篱架栽培均可，中、短梢修剪均可。

该品种成熟期遇雨或灌溉有裂果现象，故成熟期应严格控水，及时采收。

26. 早熟葡萄品种贵妃玫瑰有哪些特点？

由山东省葡萄研究院（原山东省酿酒葡萄科学研究所）以红香蕉为母本、葡萄园皇后为父本杂交育成，欧亚种。

果穗中等大，平均穗重 700g。果实黄绿色，圆形，平均粒重 9g，果粒着生紧密；果皮薄，果肉脆，味甜，有浓玫瑰香味，可溶性固形物含量 20%。

植株生长势强,丰产。抗病性好,易栽培。在济南地区,4月初萌芽,7月中旬果实完全成熟。适宜棚架、篱架栽培,中、短梢修剪。该品种雨季易裂果,建议设施栽培。

贵妃玫瑰(宫磊 拍摄)

27. 早熟葡萄品种金龙珠有哪些特点?

金龙珠(李秀杰 拍摄)

维多利亚芽变,由山东省果树研究所育成。

果穗圆锥形,平均穗重595g。果粒极大,近圆形,着生中等紧,平均粒重18g;果皮绿黄色,中等厚,果粉少,果皮与果肉易分离。果肉细脆、多汁,无涩味,平均可溶性固形物含量15%,清甜可口。植株长势中庸,早实、丰产,栽培适应性广,抗病性较好。果实挂树时间长,不落粒,耐贮运,露天栽培下比维多利亚裂果轻。在山东泰安地区,4月上旬萌芽,8月初开始成熟。宜适当密植,可采用篱架和小棚架栽培,中、短梢修剪。

该品种设施栽培下表现更佳,但要严格控制负载量,及时疏果疏粒,促进果粒膨大。

28. 早熟葡萄品种蜜光有哪些特点？

由河北省农林科学院昌黎果树研究所用巨峰作母本、早黑宝作父本杂交育成。

果穗圆锥形，平均穗重720g。果粒椭圆形，平均果粒重9.5g，果粒着生紧密。果实紫红色，充分成熟紫黑色；果粉、果皮中等厚；果肉硬而脆，无涩味，有浓郁的玫瑰香味，可溶性固形物含量达19.0%以上。果粒附着力较强，采前不落果，耐贮运。植株长势好，丰产、色艳、适应性强。在山东泰安地区，4月初萌芽，7月中旬开始成熟，成熟期早，比夏黑早熟10d左右。该品种适宜保护地栽培和观光葡萄园栽培。

29. 早熟葡萄品种春光有哪些特点？

由河北省农林科学院昌黎果树研究所用巨峰作母本、早黑宝作父本杂交育成。

果穗圆锥形，穗形紧凑，平均穗重650.6g。果粒大，椭圆形，平均粒重9.5g。果实紫黑色至蓝黑色，色泽美观，整穗着色均匀，在白色果袋内可完全充分着色。果粉较厚，果皮较厚；果肉较脆，风味甜，具有诱人的草莓香味，品质佳，可溶性固形物含量达17.5%以上。果粒附着力较强，采前不落果，耐贮运。植株长势较强，结果早，丰产稳产；适应性广，抗旱性中等，对土壤类型要求不严格，但较宜在通透性好的沙壤土栽培。在山东泰安地区，4月初萌芽，7月中旬开始成熟，成熟期早，比夏黑早熟7d左右。

该品种对葡萄的主要病害抗性较强，如对葡萄霜霉病、白腐病和炭疽病均具有良好的抗性。

30. 早熟葡萄品种87-1有哪些特点？

欧亚种，父母本不详。

果穗圆锥形，有副穗和歧肩，平均穗重531g。果粒长卵圆形，平均粒重5g，果粒着生紧密。果皮薄，红紫色，略带红晕；果刷长，不脱粒，耐运输。果皮与果肉易分离，果肉脆而多汁，有浓厚的玫瑰香味，平均可溶性固形物含量15%，含酸量低，口味甜。植株长势强，芽眼萌发力强，尤其主干上的隐芽萌发力特强，很少出现枝蔓下部光秃现象，秋季枝条成熟较好。在山东泰安地区，露地栽培条件下，4月初萌芽，7月中旬果实开始成熟，属早熟品种。

该品种长势极强，树体成型快，抗病性中上，较易感黑痘病和霜霉病，要注意叶片的保护。

31. 早熟葡萄品种早黑宝有哪些特点？

由山西省果树研究所以瑰宝为母本、早玫瑰为父本进行杂交，杂交种子经秋水仙碱处理诱变选育而成的欧亚种四倍体鲜食品种。

果穗圆锥形，带歧肩，平均穗重430g。果粒短椭圆形，平均单穗重7.5g，果粒着生紧密。果皮紫黑色，较厚而韧；果肉较软，可溶性固形物含量在16%左右，完全成熟时有浓郁的玫瑰香味。树势健壮，生长势中庸，副梢结实力中等，早果性强，丰产性强。在山东泰安地区，4月初萌芽，8月上旬果实成熟，属早熟鲜食品种。抗白腐病能力较强，抗霜霉病能力一般。无裂果，适宜小棚架和篱架栽培，中、短梢混合修剪。

该品种适宜在我国北方干旱、半干旱地区栽培，在设施栽培中早熟特点尤为突出。

32. 早熟葡萄品种山东早红有哪些特点？

由山东省葡萄研究院以玫瑰香为母本、葡萄园皇后为父本杂交育成，欧亚种。

果穗中等大，圆锥形，有副穗和歧肩。果粒圆形，平均粒重4~5g，果粒着生中等紧密。果实紫红色，成熟一致；果粉中等厚，果皮厚，果肉软，皮略涩，核与肉不粘连，有淡玫瑰香味，可溶性固形物含量为13%~16%。植株生长势中等，芽眼萌发率中等，较丰产。在山东济南地区，3月下旬萌芽，5月中旬开花，7月下旬成熟，属早熟品种。抗病性强，适应性强，适宜篱架栽培，中、短梢修剪。

该品种管理上要合理调整负载量，防止结果过多影响品质和延迟成熟。

33. 早熟葡萄品种红双味有哪些特点？

由山东省葡萄研究院以葡萄园皇后为母本、红香蕉为父本杂交育成，欧美杂交种。

果穗中等大，圆锥形，有副穗和歧肩。果粒椭圆形，平均粒重6~7g，果粒着生中等紧密。果皮薄，紫红或紫黑色；果肉软多汁，具香蕉味与玫瑰香味，味酸甜，可溶性固形物含量为16%。植株生长势中等，芽眼萌发率中等，副梢结实力强。在山东济南地区，3月下旬萌芽，7月下旬成熟，属早熟品种。抗病性强，适应性强，适宜篱架栽培，中、短梢修剪。注意控制产量，不留二次果，以保障其早熟优质的特点。

红双味（宫磊　拍摄）

34. 早熟葡萄品种黑色甜菜有哪些特点？

又名布拉酷彼特，由藤稔与先锋杂交育成，欧美杂交种。

果穗圆锥形，平均穗重500g。果粒特大，短椭圆形，平均粒重18g，果粒着生中等紧密。果皮厚，青黑至紫黑色，与果肉易分离，果粉多。果肉硬脆，多汁美味，可溶性固形物含量16%~17%，酸味少，无涩味，味清爽。植株长势中庸，抗逆性和抗病性强，适应性广，保护地栽培品质更佳。在山东济宁地区，4月初萌芽，7月下旬开始成熟。篱架和棚架栽培均可，中、短梢修剪。该品种在生产中可选用生长调节剂进行膨大处理。

35. 早熟葡萄品种茉莉香有哪些特点？

又名着色香，由辽宁省盐碱地改良利用研究所用玫瑰露和罗也尔玫瑰杂交育成，欧美杂交种。

果穗圆柱形，带副穗，平均穗重400g。果粒椭圆形，着生极紧密，无核化处理后平均粒重7g。果皮粉红色至紫红色；果肉软而多汁，无肉囊，可溶性固形物含量22%，有浓郁的茉莉香味。树势中庸，抗病性、抗寒性极强，极丰产，适合设施促早栽培。在山东泰安地区，4月初萌芽，8月上旬成熟。该品种果粒不大，在生产中需要生长调节剂膨大处理才具有商品优势。

36. 早熟葡萄品种京秀有哪些特点？

由中国科学院植物研究所国家植物园以潘诺尼亚为母本、60-33（玫瑰香×红无籽露）为父本杂交育成，欧亚种。

果穗较大，平均穗重500g。果实椭圆形，平均粒重6.3g，果粒着生紧密。果皮玫瑰红或鲜紫红色，中等厚；果肉脆甜，酸低、多汁，具东方品种风味，可溶性固形物含量17%。植株生长势较强，丰产。在北京地区，露地栽培7月底8月初充分成熟。挂果期长，可至9月底或10月中旬。棚架、篱架栽培均可，宜长、中、短梢修剪结合。

37. 早熟葡萄品种京蜜有哪些特点？

由中国科学院植物研究所国家植物园以京秀与香妃杂交育成，欧亚种。

果穗圆锥形，穗形整齐，平均穗重520g。果粒着生紧密，扁圆形，可见果实分成4瓣形状，果形独特，平均粒重7g。果实完全成熟为黄绿色，果粉少，皮薄肉脆，味酸甜，有淡玫瑰香味，可溶性固形物含量18%。植株生长势中偏强，花穗较短，坐果率高，早果性及丰产性强。在北京地区，7月下旬成熟。抗病力中等，易感黑痘病、霜霉病、灰霉病和白腐病。在雨水较多的情况下，存在轻微裂果。适合促成栽培或避雨设施栽培。

38. 早熟葡萄品种京亚有哪些特点？

由中国科学院植物研究所国家植物园在播种的黑奥林实生苗中选出，欧美杂交种。

果穗圆锥形，平均穗重460g。果粒椭圆形，平均粒重13g，着生中等紧密。果皮紫黑色，果粉厚；果肉软而多汁，味酸甜，微有草莓香味，可溶性固形物含量15%。植株生长势较强，丰产。耐潮湿、抗寒、抗病。棚架、篱架栽培均可。从萌芽到果实完全成熟需生长114~130d，比巨峰早熟20~25d。适宜设施栽培，中、短梢修剪。

39. 早熟葡萄品种早巨峰有哪些特点？

巨峰的早熟优系，欧美杂交种。

果穗大，圆锥形平均穗重750g。果粒大，自然生长下平均粒重12g，果皮紫黑色，肉质细软、多汁、有肉囊，可溶性固形物含量18%。果实品质好、无裂果、耐运输。植株长势强，着色快而整齐，早熟、抗病、丰产，果实成熟后挂树时间长，可进行无核化处理。在辽宁沈阳地区，5月初萌芽，8月上旬果实完全成熟，比巨峰早熟一个月。

 40. 早熟葡萄品种凤凰51有哪些特点？

由大连市农业科学研究所用白玫瑰和绯红杂交培育而成，欧亚种。

果穗圆锥形，平均重422.5g。果粒近圆形或扁圆形，平均粒重8.7g，有沟纹，酷似小磨盘帅，着生紧密。果皮较薄，紫红色或玫瑰红色；肉质脆、汁多，味香甜，有玫瑰香味，可溶性固形物含量17.8%。植株生长势中等，副梢结实力弱，产量中等或较高。在大连地区，4月中旬萌芽，7月上中旬果实完全成熟，属早熟品种。抗病性和适应性均较强，易裂果。适宜篱架栽培，中、短梢修剪。在设施栽培条件下，品种特性表现佳，经济效益高。

 41. 早熟葡萄品种弗雷无核有哪些特点？

又名火焰无核，欧亚种，由美国育种家杂交育成。

果穗圆锥形，有副穗，平均穗重400g。果粒近圆形，平均单粒重3.5g。果皮中厚，鲜红色，色艳，整齐度好，不易与果肉分离；果肉较硬，风味甜，可溶性固形物含量20%以上，品质优良。植株长势强，在山东济宁地区，4月初萌芽，7月下旬成熟。

管理时应严格控制氮肥施用，抗病性中等，需加强病虫害防治。

42. 早熟葡萄品种森田尼无核有哪些特点？

又名无核白鸡心、世纪无核，欧亚种，由美国加州大学育成。

果穗圆锥形，平均穗重830g。果粒鸡心形，平均粒重5g，着生紧密。果皮薄，黄绿色，韧性好；果肉硬脆，不裂果，可溶性固形物含量18%，酸度低，略带草莓香味。果皮与果肉不易分离，可带皮食用，品质佳，是鲜食和制干的优良品种。植株生长势强，枝条粗壮，特别是新梢生长过旺，成熟度较差，加上品种本身抗寒性差，因此，北方地区冬季注意防寒。在山东济南地区，4月初萌芽，8月上中旬成熟。栽培种宜选用棚架，中梢修剪，较易感染白粉病。

43. 早熟葡萄品种奇妙无核有哪些特点？

又名黑美人、神奇无核、幻想无核，原产美国。美国加州大学戴维斯农学院果树遗传和育种研究中心培育，欧亚种。

果穗圆锥形，平均穗重 500g。果粒黑色，长圆形，着生中等紧密，果粉较厚，平均粒重 6g。果肉脆硬、白绿色、半透明，风味甜，可溶性固形物含量 18%，果皮与果肉不易分离。抗病性强，耐运输。植株生长极旺盛，花芽分化率低，宜选择较瘠薄土壤种植，使其生长势减弱，提高坐果率。在山东济南地区，4 月上中旬萌芽，8 月上旬开始成熟。适宜棚架栽培，长梢修剪。

44. 早熟葡萄品种无核早红有哪些特点？

又名 8611、无核早红提、超级无核、美国无核王。河北省农林科学院昌黎果树研究所与农民技师周利存合作育成的中国首例三倍体新品种，欧美杂交种。

果穗圆锥形，平均穗重 190g。果粒近圆形，不经赤霉素处理，平均粒重 4g。果实粉红或紫红色，果皮和果粉中等厚；果肉肥厚较脆，味酸甜，可溶性固形物含量 15%。无核早红经赤霉素处理后，其膨大效果比其他无核品种更为明显，平均粒重 10g。植株生长势强，结实力强，易早结果。抗病性强，且抗寒、耐盐碱。在河北昌黎地区，4 月中旬萌芽，到 7 月下旬果实完全成熟。适宜小棚架栽培，中、长梢修剪。

45. 中熟葡萄品种巨峰有哪些特点？

用大粒康拜尔早生和森田尼杂交培育而成，欧美杂交种。

果穗圆锥形，平均穗重 550g。果实椭圆形，着生中等紧密，平均粒重 12g。果皮厚，黑紫色，果粉较厚；果肉软、汁多、味甜，有草莓香味，平均可溶性固形物含量 17%。植株长势好，产量高，抗寒、抗病、耐贮运。在山东泰安地区，4 月上旬萌芽，8 月中旬果实开始成熟，属中熟品种。适宜棚架、篱架栽培，中、短梢修剪。

该品种对肥水和管理技术要求较高，管理不当，易落花落果，坐果率低。因此，应注意花前疏花整穗，并对新梢进行重摘心，同时花期进行保果处理，以保证坐果率。

46. 中熟葡萄品种藤稔有哪些特点？

又名金藤、巨藤，欧美杂交种。

果穗圆锥形，平均穗重 400g。果粒近圆形，着生中等紧密，特大，平均粒重 15g，膨大处理后可达 20g。果实黑紫色，果皮厚；果肉多汁，味酸甜，可溶性固形物含量 15%~18%。植株长势较弱。在山东泰安地区，4 月上旬萌芽，8月中下旬果实开始成熟。适宜棚架、篱架栽培，中、长梢修剪。

该品种应注意花前疏花整穗，并对新梢进行重摘心，同时，花期进行保果处理，以提高坐果率。

47. 中熟葡萄品种阳光玫瑰有哪些特点？

又名金华玫瑰、亮光玫瑰，由日本农业食品产业技术综合研究机构用安芸津21号与白南为亲本杂交育成，欧美杂交种。

阳光玫瑰

果穗圆锥形，穗重600g左右。果粒着生中等紧密，短椭圆形，平均粒重10g。果皮厚，黄绿色，果粉少。果肉硬脆，无涩味，可溶性固形物含量18%，有复合型香味（玫瑰香和奶香），香甜可口，食用品质极佳。果肉与果皮不易分离，幼果至成熟果均有光泽。植株长势旺，芽眼萌发率高，丰产性能好。不裂果，耐贮运，无脱粒现象。成熟期与巨峰相近。在山东泰安地区，4月上旬萌芽，8月下旬至9月初浆果开始成熟。抗病性较强，较抗霜霉病、白腐病和炭疽病，但果实表面易出现锈斑。适宜棚架栽培，短梢修剪。

48. 中熟葡萄品种巨玫瑰有哪些特点？

由辽宁省大连市农业科学研究院以沈阳玫瑰和巨峰为亲本杂交育成，四倍体欧美杂交种。

果穗圆锥形，平均穗重680g。果粒椭圆形，平均粒重10g，果粒着生中等，紧密大小均匀。果皮紫红色，中等厚，果粉中多；果肉脆、汁多、无肉囊，具有浓郁的玫瑰香味，可溶性固形物含量18%。植株生长势强，枝条成熟良好，芽眼萌发率高，高产。耐高温多湿，抗病性强，易栽培，好管理。在山东泰安地区，4月上旬萌芽，8月下旬果实完全成熟。该品种果实品质明显好于巨峰、玫瑰香等品种，栽培时应控制产量，以生产高档果为主。篱架和棚架栽培均可，短梢修剪。

该品种易坐果不良，应注意花前疏花整穗，并对新梢进行重摘心，同时花期进行保果处理，以提高坐果率。

49. 中熟葡萄品种户太 8 号有哪些特点？

由西安市葡萄研究所通过奥林匹亚芽变选育而成，欧美杂交种。

果穗圆锥形，平均穗重 600g。果粒大，着生较紧密，近圆形，平均粒重 12g。果皮厚，紫黑色或紫红色，果粉厚；肉软，无肉囊，酸甜可口，可溶性固形物含量 18%。树体长势强，坐果率高于巨峰，多次结果能力强，生产中一般结 2 次果。耐低温、不裂果，抗病性好，对黑痘病、白腐病、灰霉病和霜霉病等抗性较强。在山东泰安地区，4 月上旬萌芽，8 月中旬果实开始成熟。篱架和棚架栽培均可，中、短梢修剪。

50. 中熟葡萄品种金手指有哪些特点？

又名金指，欧美种。

果穗大，长圆锥形，平均穗重 1 000g。果粒着生中等紧密，形状奇特美观，长椭圆形，略弯曲，呈弓状，黄白色，平均粒重 8g。果皮中等厚，韧性强，不裂果；果肉硬，耐贮运，可溶性固形物含量可达 22%，甘甜爽口，有浓郁的冰糖味和牛奶味。果柄与果粒结合牢固，捏住一粒果可提起整穗果。植株生长势极强，丰产。抗寒性强，抗病性强，特别适合旅游观光区栽培，也适合保护地和庭院、盆景栽培，均具有较高的经济效益和观赏价值。在山东泰安地区，4 月上旬萌芽，8 月下旬成熟。

51. 中熟葡萄品种醉金香有哪些特点？

由辽宁省农业科学院沈阳玫瑰为母本、巨峰为父本杂交选育而成，欧美杂交种。

果穗圆锥形，果穗紧凑，平均穗重 800g。果粒呈倒卵形，平均粒重 13g，成熟时呈金黄色，含糖量高，平均可溶性固形物含量 20%，有浓郁的茉莉香味。植株生长势中庸，适应性强，抗病性好，果实成熟后应适时采收，挂树时间过长果实变软。在山东泰安地区，4 月上旬萌芽，8 月下旬果实成熟。篱架和棚架栽培均可，中、短梢修剪。

52. 中熟葡萄品种甬优一号有哪些特点？

为藤稔葡萄芽变，欧美杂交种。

果穗圆锥形，平均穗重 600g。果粒近圆形，平均粒重 12g。果皮红紫至黑紫色，中等厚度；果肉硬脆，平均可溶性固形物含量 18%。植株长势较强，坐果率高，上色整齐均匀，树上挂果时间较长，抗病性好，花期注意灰霉病。在山东济南地区，4 月上旬萌芽，8 月中下旬成熟，比巨峰略早。棚架或篱架栽培均可，中、长梢修剪。

53. 中熟葡萄品种红玫香有哪些特点？

由山东省果树研究所育成。

果穗圆锥形，平均重 350g。果粒椭圆形，平均粒重 6.8g，果粒着生紧密，稍大于玫瑰香果粒。果皮中等厚、紫红色，易与果肉分离，果粉较厚；果肉黄绿色，稍软、多汁，有浓郁的玫瑰香味，可溶性固形物含量 18%。树势中庸，成花力强，早实丰产，适应范围广，抗病性和抗寒性好。在山东泰安地区，4 月上旬萌芽，8 月中旬果实成熟，比玫瑰香成熟早。适宜篱架、"V"形架栽培，中、短梢修剪。

红玫香（李秀杰　拍摄）

54. 中熟葡萄品种玫瑰香有哪些特点？

由英国的斯诺以黑汉和白玫瑰香为亲本杂交育成，欧亚种。

果穗圆锥形，平均穗重 350g。果粒椭圆形或卵圆形，中等大，平均粒重 5.5g，果粒着生紧密。果皮中等厚，紫红色或黑紫色；果肉较软、多汁，有浓郁的玫瑰香味，可溶性固形物含量 17%。植株长势强，结实力强，丰产稳产。在山东泰安地区，4 月初萌芽，8 月下旬至 9 月初成熟，属中晚熟品种。适宜篱架栽培，中、短梢修剪。

该品种对肥水和管理技术要求较高，若肥水充足，栽培管理措施得当，其产量高，品质好，反之，易落花落果，出现大小粒、穗松散、"水灌子"病等现象。

55. 中熟葡萄品种妮娜女王有哪些特点？

日本新育成的品种，亲本为安艺津20号与安艺皇后杂交，欧美杂交种。

果穗圆锥或圆柱形，平均穗重550g。果粒近圆形，平均重15~20g。果实色艳，鲜红色，可溶性固形物含量20%，既有草莓香味又有牛奶香味。该品种在每穗留果30粒并用膨大素处理的情况下，果粒可以接近乒乓球大小，成熟期比巨峰晚熟5d。

该品种色泽艳丽，但容易出现着色不良的问题，生产中应加强管理，以获得优质高档果。

56. 中熟葡萄品种红国王有哪些特点？

日本葡萄育种家以阳光玫瑰和温克杂交育成。

果粒特大，平均粒重25~30g。果面洁净光滑，有果粉，果皮颜色深红，外观奇特，可带皮吃；果肉脆而多汁，可溶性固形物含量可达23%。植株长势中庸、不徒长，丰产和稳产性好，抗病性强，挂树时间长，极耐贮运。在辽宁地区，5月上旬萌芽，9月上中旬完全成熟。适宜篱架栽培，短、中和长梢修剪均能形成花序，是目前世界上生产高档葡萄中的极品。

57. 中熟葡萄品种里扎马特有哪些特点？

又名玫瑰牛奶，欧亚种，由奥根科用卡它库尔干和巴尔肯特杂交育成。

里扎马特（李秀杰 拍摄）

果穗极大，圆锥形，果粒着生疏松，平均穗重672g。果粒极大，长椭圆形，平均粒重12g。果皮玫瑰红或紫红色，果粉少，皮薄肉脆，清香味甜。植株长势强，产量中等。抗病性较差，易感白腐病和霜霉病。在山东泰安地区，4月初萌芽，到8月中旬果实完全成熟。适宜在丘陵山地和通风、透光、排水条件好的地区栽培。适宜棚架栽培，中、长梢修剪。

该品种在设施栽培条件下表现良

好，应控制产量，合理施肥，以避免大小年出现。

 58. 中熟葡萄品种东方之星有哪些特点？

又名欧利安达露斯达，亲本为安芸津21号和奥山红宝石，欧美杂交种。

果穗圆锥形，平均穗重460g。果粒长椭圆形，粒大，平均粒重10g。果皮紫红色；肉质硬脆，有香味，平均可溶性固形物含量19%。植株生长旺，抗病，特丰产，着色后上糖，挂树时间长，可至11月，特耐贮运。在山东泰安地区，4月上中旬萌芽，9月初开始成熟。适宜篱架或棚架栽培，中、短梢修剪。

 59. 中熟葡萄品种京优有哪些特点？

为黑奥林实生，由中国科学院植物研究所选育。

果穗大，圆锥形，着生中等紧密或较紧，平均穗重550g。果粒卵圆形至近圆形，平均粒重11g。果皮厚，红紫或紫黑色；果肉脆，可溶性固形物含量18%，味甜酸低，有淡草莓香味。植株生长势强，结实力强，较丰产，副梢结实力特强，可一年两熟，丰产。抗病性强，不易落粒，果实成熟后可在树上久挂而不掉粒，不变味。在北京地区，4月中旬萌芽，8月中旬果实充分成熟，比巨峰早熟10~15d。棚架、篱架栽培均可，宜中梢修剪。

 60. 中熟葡萄品种香悦有哪些特点？

由沈阳玫瑰香芽变为母本、紫香水芽变为父本杂交育成，欧美种。

果穗圆锥形或圆柱形，穗形紧凑，果粒大小整齐一致，平均穗重620g。果粒近圆形，平均粒重11g。果皮蓝黑色，果粉多，与果肉易分离；肉软多汁，有玫瑰香味，平均可溶性固形物含量17%。植株生长势强，隐芽萌发力中等，副芽萌发力强。坐果率极高，隐芽萌发的新梢结实力强，早果性强。在辽宁沈阳地区，5月初萌芽，9月上旬成熟。短梢或超短梢修剪。

 61. 中熟葡萄品种葡萄园皇后有哪些特点？

又名匈牙利女王，以莎巴珍珠和伊丽莎白为亲本杂交育成，欧亚种。

果穗圆锥形，平均穗重450g。果粒着生中等紧密或较紧，椭圆形，平均粒重5g。果皮金黄色，果粉中等厚；肉半透明，味甜，可溶性固形物含量16%，有玫瑰香味。植株长势较强，结实力中等，丰产；抗病性中等。在山东济南地区，4月中旬萌芽，8月下旬完全成熟。喜肥水，适宜篱架栽培，中、短梢修剪。

62. 中熟葡萄品种红大粒有哪些特点？

又名黑汉、黑汉堡，欧亚种。

果穗圆锥形，平均穗重500g。果粒近圆形，平均重5g。果皮较薄，果粉少，紫红色；肉脆汁多，味酸甜，可溶性固形物含量18%。植株长势中等，丰产、稳产。抗病力中等，抗寒、抗旱、适应性强，叶片易受药害。在山东济南地区，4月上旬萌芽，8月下旬完熟。对肥水和光照条件要求较高，光照不足时，花芽形成困难；肥水不足时，果穗、果粒均较小，果实着色不均，易发生日烧病。适宜中、小型架式栽培，中、短梢修剪。

63. 中熟葡萄品种红香蕉有哪些特点？

以白香蕉为父本、玫瑰香为母本杂交育成，欧美杂交种。

果穗中等大，圆锥形，有副穗，果粒着生中等紧密。果实紫红色，椭圆形，果粒中等大，平均粒重4~5g。果皮中厚，果肉有浓郁的香蕉味，脆甜多汁，有肉囊，核与肉不粘连，可溶性固形物含量16%。植株生长旺盛，较丰产。风土适应性强。抗寒、抗潮湿、抗白腐病和炭疽病。在山东济南地区，4月上旬萌芽，8月中下旬成熟。适宜篱架栽培，中、短梢修剪。

红香蕉（宫磊 拍摄）

64. 中熟葡萄品种紫玉有哪些特点？

原产日本，属巨峰系品种，欧美杂交种。

果穗圆锥形，平均穗重 500g。果粒近圆形，平均粒重 12g。果皮紫黑色，肉质稍软，多汁，可溶性固形物含量 15%，味甜，有清香。植株生长势强，极丰产，抗病性较好，成熟时不裂果，不脱粒。在山东泰安地区，4月上旬萌芽，8月中下旬成熟。适宜篱架或棚架栽培，中、长梢修剪均可。

65. 中熟葡萄品种桃太郎有哪些特点？

又名濑户甲子，从日本引进的大果粒鲜食葡萄新品种，欧亚种。

果穗圆柱形，无副穗，果穗大，平均穗重 600g。果粒扁圆形，着生中等紧密，粒大，平均粒重 16g。果皮薄而脆，无涩味，黄绿色，着色一致，果粉少；果肉厚，无肉囊，果汁中等，可溶性固形物含量 19%，口感甘甜清爽。树势旺盛，枝梢粗壮，呈直立型。在山东泰安地区，4月上中旬萌芽，8月下旬至9月上旬成熟。幼树营养生长旺盛，早期产量较低。生产中应注意合理密植。适合棚架栽培以缓和树势，中、长梢修剪。

66. 晚熟葡萄品种红地球有哪些特点？

又名红提、晚红、大地球，原产美国，欧亚种。

果穗极大，长圆锥形，果穗松散或较紧凑，平均穗重 600g。果粒圆形或卵圆形，平均粒重 12~14g。果皮暗紫红色，果肉硬脆，味甜，平均可溶性固形物含量 17%。植株生长旺盛，极丰产。在山东泰安地区，4月上中旬萌芽，10月上中旬开始成熟。不掉粒，不裂果，极耐贮运，是目前鲜食葡萄贮藏的主要品种。适宜棚架栽培，中、短梢修剪。

该品种抗病性弱，易感黑痘病、白腐病、炭疽病、霜霉病、白粉病和日灼病，应注意及时防病，多施磷、钾肥，促进新梢成熟。

67. 晚熟葡萄品种克瑞森无核有哪些特点？

又名绯红无核、淑女红、冰美人，由美国加州戴维斯农学院果树遗传和育种研究室杂交育成，欧亚种。

果穗圆锥形，有歧肩，平均穗重 500g。果粒椭圆形，无核，平均粒重 4g。果实亮红色，充分成熟后为紫红色，果粉厚；果肉硬、浅黄色、半透明，不易与果皮分离，平均可溶性固形物含量 19%。植株生长旺盛，萌芽力、成枝力均较强，植株进入丰产期稍晚。抗病性中等，易感染白腐病，耐贮运。在北京地区，4 月上旬萌芽，9 月上旬成熟。宜采用棚架或宽篱架栽培，中、短梢结合修剪。

该品种长势极强，生产中应注意控制植株长势，防止营养生长过旺。

68. 晚熟葡萄品种摩尔多瓦有哪些特点？

原产摩尔多瓦共和国，欧亚种。

果穗圆锥形，平均穗重 650g。果粒大，着生紧密，短椭圆形，平均粒重 8.5g。果皮蓝黑色，着色非常一致，果粉厚；果肉柔软多汁，平均可溶性固形物含量 16%。植株生长势强，萌芽力强，丰产性强。果粒非常容易着色，散射光条件下着色很好，而且整齐。虽然着色早，但上糖慢，要在着色一个月以后再采收。抗病性极强，高抗霜霉病，极丰产，耐贮运。在山东泰安地区，4 月上中旬萌芽，9 月下旬成熟。适宜棚架、篱架栽培，中、短梢修剪。适合鲜食和酿酒，可种植在庭院、盆栽、长廊和公园等，还可作砧木，是真正的多功能葡萄，是目前为止用途最广的葡萄。

该品种坐果率极高，果粒着生紧密，生产中应注意疏粒，否则成熟期果粒会因挤压而破裂，导致整个果穗腐烂。

69. 晚熟葡萄品种圣诞玫瑰有哪些特点？

又名秋红，原产美国，用 S44-35C 和 9-1170 杂交育成，欧亚种。

果穗圆锥形，平均穗重 880g。果粒卵圆形，着生中等紧密，平均粒重 10g。果皮中等厚，初熟时鲜红色，充分成熟时深紫红色。果肉硬而脆，能削成薄片，肉质细腻，可溶性固形物含量 18%～22%，味浓甜，风味甚佳。果实不裂果，果刷大而长，不掉粒，特耐贮运，冷库可贮到翌年 4 月，是目前鲜食葡萄贮藏的主要品种之一。植株生长势强，结果早，芽眼萌发率高，极丰产。在山东泰安地区，3 月上旬萌芽，9 月上旬浆果成熟。适宜篱架或小棚架栽培，中、短梢修剪。在南方地区必须避雨栽培；北方露地栽培，可留树到 11 月下旬采收，适延迟栽培。

该品种抗黑痘病能力较差，结果后树势偏弱，应注意加强肥水管理，控制负载量，保持连年丰产、稳产。

70. 晚熟葡萄品种魏可有哪些特点？

又名温克，日本山梨县用 Kubel Muscat 与甲斐露杂交选育而成，欧亚种。

果穗圆锥形，平均穗重 450g，穗形大小整齐。果粒卵圆形，着生较松，粒大，平均粒重 10g，有小青粒现象。果皮紫红色至紫黑色，中厚，具韧性；果肉脆而多汁，无肉囊，可溶性固形物含量 20% 左右。植株生长势强，芽眼萌发率和成枝率高，隐芽萌发力强，且所萌枝条易形成花芽。丰产性强，抗病性强。在山东泰安地区，4 月上旬萌芽，9 月中下旬果实成熟。宜采用棚架栽培缓和树势。

71. 晚熟葡萄品种美人指有哪些特点？

原产日本，欧亚种。

果穗圆锥形，平均穗重 480g。果粒长椭圆形，平均粒重 12g，先端紫红色，基部稍淡，形状如美人手指。果皮薄，果粉中厚；果肉细脆呈半透明状，可切片，无香味，平均可溶性固形物含量 16%。植株生长旺盛，较丰产。结果期晚，抗病性弱，易感病害。果实成熟后易掉粒，不耐贮运。在山东泰安地区，4 月上旬萌芽，9 月中旬果实成熟。适宜在雨水较少、日照时间长、通风良好的地区栽培。棚架栽培，中、长梢修剪。

72. 晚熟葡萄品种甜蜜蓝宝石有哪些特点？

又名月光之泪，由美国育种家育成的新品种，欧亚种。

果穗大，平均穗重 750g。果粒长圆柱形，状如小手指，长 5cm 左右，自然无籽，果粒不用激素膨大也能达到最大粒重 10g 左右。果实蓝黑色，着色快速而均匀。刀切成片，风味纯正，脆甜无渣，可溶性固形物含量 20% 以上，干燥少雨地区糖度更高，容易晒成蓝黑色大型葡萄干。果粒不拥挤，无破粒，疏果省工。果刷坚韧，成熟后不易掉粒。在山东泰安地区，4 月上旬萌芽，9 月初成熟，属于晚熟品种。

该品种长势极强，生产中应适当控制植株长势，以免枝条徒长。

73. 晚熟葡萄品种意大利有哪些特点？

又名意大利亚，原产意大利，欧亚种。

果穗圆锥形，平均重 700g。果实椭圆形，平均粒重 10g，果粒着生中等紧密。果实黄绿色，皮薄，果粉中等厚；肉脆，味甜，可溶性固形物含量 17%。植株生长势强，结实力强，丰产。抗白腐病、炭疽病，易感白粉病、霜霉病。果实成熟后挂树时间长，极耐贮运。在山东泰安地区，4 月上旬萌芽，9 月下旬至 10 月上旬成熟。棚架、篱架栽培均可，宜中、短梢修剪。

74. 晚熟葡萄品种红宝石无核有哪些特点？

又名大粒红无核、宝石无核，原产美国，欧亚种。

果穗圆锥形，有歧肩，穗形紧凑，平均穗重 850g。果粒卵圆形，平均粒重 4g，果粒大小整齐一致。果皮薄、亮红紫色；果肉脆、半透明，可溶性固形物含量 18.5%，无核，味甜爽口。植株生长势强，较丰产。抗病性稍差，成熟较晚，尤其易感黑痘病和霜霉病。在山东泰安地区，4 月上中旬萌芽，9 月中下旬果实开始成熟。宜采用棚架栽培，短梢修剪。

该品种穗形美观，品质优良，生产中可采用赤霉素处理及环剥等方法增大果粒。

75. 晚熟葡萄品种泽香有哪些特点？

又名泽山一号，由玫瑰香和龙眼杂交育成，欧亚种。

果穗圆锥形，有歧肩，平均穗重 450g。果实卵圆形，平均粒重 5g。果皮薄，黄绿色，充分成熟金黄色；果肉较厚，有玫瑰香味，可溶性固形物含量 17%，酸甜爽口。植株生长势强，高产稳产。适应性强，抗病性强。在山东平度大泽山地区，4 月上旬萌芽，9 月中下旬果实成熟。适宜篱架栽培，中、短梢修剪。

76. 晚熟葡萄品种牛奶有哪些特点？

又名马奶子、白牛奶、白葡萄、玛瑙葡萄、脆葡萄，欧亚种。

果穗圆锥形或长圆锥形，平均穗重 732g。果粒长椭圆形，着生不紧密，平均粒重 7.9g。果皮薄，嫩黄色；果肉厚而脆，多汁，淡甜爽口，无香味，可溶性固形物含量 18%。植株生长势强，丰产。抗病力弱，易感黑痘病、白腐病及霜霉病。在北京地区，4 月中下旬萌芽，9 月上中旬成熟。果实成熟期土壤水分过多时，有裂果现象。耐寒力弱，北方地区要注意埋土防寒。宜棚架栽培，中、长梢修剪。

77. 晚熟葡萄品种龙眼有哪些特点？

又名秋紫、老虎眼、紫葡萄、狮子眼，欧亚种。

果穗圆锥形，平均重 600g，果粒着生紧密。果实近圆形，平均粒重 6g。果皮红紫色，果粉厚；果肉多汁，透明，味甜酸，可溶性固形物含量 16%。植株生长旺盛，结实力低，产量中至高。抗病性中等，易患葡萄白腐病、苦腐病，适宜在旱地和轻度盐碱的土壤生长。在北京地区，从萌芽到果实完全成果需165d左右。果实耐贮运。适宜棚架栽培，中、短梢修剪。

 78. 晚熟葡萄品种黑奥林有哪些特点？

又名黑奥林匹亚，日本育种学家以巨峰为母本、巨鲸为父本杂交培育，欧美杂交种。

果穗圆锥形，有副穗，平均穗重510g。果实紫黑色，近椭圆形或倒卵圆形，平均粒重12g。果皮厚，果肉多汁，脆甜，有草莓香味，可溶性固形物含量16%。黑奥林的植物学特性与巨峰非常相似，但较其坐果好，成熟较晚。在北京地区，4月中旬萌芽，9月上旬成熟。植株生长势较强，丰产、抗病、耐运输。棚架或篱架栽培均可，中、短梢修剪。

 79. 晚熟葡萄品种秋黑有哪些特点？

又名黑提，原产美国，欧亚种。

果穗圆锥形，果粒着生紧密，平均穗重720g。果粒近圆形，平均粒重9g。果皮厚，紫黑色，果粉多；肉质硬脆，味酸甜，无香味，可溶性固形物含量17%。植株生长势较强，抗病、丰产、耐贮运，是目前鲜食葡萄贮藏的主要品种之一。在河北昌黎地区，4月中旬萌芽，10月上旬果实完全成熟，属极晚熟品种。适宜棚架栽培，中、长梢修剪。

 80. 晚熟葡萄品种高妻有哪些特点？

由日本育种学家用先锋及森田尼杂交育成，欧美种。

果穗圆锥形，平均穗重500g。果粒短椭圆形，平均粒重12g。果皮厚，黑紫色；果肉柔软多汁，可溶性固形物含量19%。植株生长势较强，丰产性和抗病性较好。在山东泰安地区，4月上中旬萌芽，9月底开始成熟。因自根苗生长弱，宜选用5BB、SO4嫁接苗。

 81. 晚熟葡萄品种峰后有哪些特点？

北京市农林科学院林业果树研究所从巨峰实生苗中选出，欧美种。

果穗圆锥形，平均穗重450g。果粒短椭圆形，平均粒重14g，比巨峰平均重2g左右，果粒着生中等紧密。果皮紫红色、较薄、无涩味。果肉极硬，质地脆，略有草莓香味，糖酸比高，口感甜度高，可溶性固形物含量18%，不裂果，耐贮运。植株长势强，萌芽率高，副芽结实力弱，副梢结实力中等，丰产性中等。抗病性强，多雨年份有穗轴褐腐病和炭疽病发生。在山东济南地区，4月中旬萌芽，9月中旬成熟。适于篱架或小棚架栽培，中、长梢修剪。

82. 当前常用的葡萄砧木有哪些？特点如何？

我国葡萄的栽培环境非常多元化，如有的地方比较寒冷，有的地方比较干旱，但是葡萄品种本身的抗逆性不佳。因此，可通过选择适宜的、针对性的葡萄砧木进行嫁接栽培，可以在不利的栽培环境条件下获得优质丰产的葡萄。即使在葡萄的适宜栽植区，利用砧木进行抗逆性栽培也具有十分重要的意义。目前，生产中常用的砧木品种主要有 SO4、5BB、420A、5C、3309C、101 - 14MG、1103P、140Ru 等。

（1）SO4，由德国从 TelekiS 的 Berlandieririparia NO.4 中选育而成，是法国应用最广泛的砧木。抗根瘤蚜和抗根结线虫，抗17%活性钙，耐盐性强于其他砧木，抗盐能力可达到0.4%，抗旱性中等，耐湿性在同组内较强，抗寒性较好。在辽宁兴城地区一年生扦插苗冬季无冻害。生长势较旺，枝条较细，嫁接品种产量高，但成熟稍晚，有"小脚"现象。产枝量高，生根性好。田间嫁接成活率95%，室内嫁接成活率亦较高，发苗快，苗木生长迅速。SO4抗南方根结线虫，抗旱、抗湿性明显强于欧美杂交品种自根树。树势旺，建园快，结果早。

（2）5BB，原产奥地利，源于冬葡萄实生苗。最大特点是抗旱和早熟。植株生长旺盛，生长势中等，根稍浅且细，稍有"小脚"。抗根瘤蚜能力极强，较抗线虫、较抗石灰质土壤，可耐20%活性钙。耐盐性较强，耐盐能力达0.32%~0.39%；耐缺铁失绿症较强。根系可忍耐-8℃的低温，抗寒性优于SO4，仅次于贝达。适用于北方黏湿钙质土壤，不适用于太干旱的丘陵地。

（3）420A，法国用冬葡萄与河岸葡萄杂交育成。极抗根瘤蚜，抗根结线虫，抗石灰质土壤（20%）。生长势偏弱，但强于光荣、河岸系砧木。喜轻质肥沃土壤，有抗寒、耐旱、早熟、品质好等优点。常用于嫁接高品质酿酒葡萄或早熟鲜食葡萄。田间嫁接成活率98%。一年生扦插苗在辽宁兴城可露地越冬。

（4）5C，匈牙利用伯兰氏葡萄与河岸葡萄杂交育成。在德国、瑞士、意大利、卢森堡应用较多。法国有33万 hm^2 苗木繁殖供应出口。植株性状与5BB 相近，但生长期短于5BB。适应范围广，耐旱、耐湿、抗寒性强，并耐石灰质土壤。对嫁接品种有早熟、丰产作用，也有"小脚"现象。

（5）3309C，美洲种群内种间杂种。由法国的 George Coudec 育成。亲本为河岸葡萄和沙地葡萄，雌株。抗根瘤蚜，不抗根结线虫，抗石灰质土壤能力中等（抗 11%活性钙），抗旱性中等，不耐盐碱，不耐涝。适用于平原地较肥沃的土壤。产枝量中等。扦插生根率较高，嫁接成活率较好。树势中旺，适用于非钙质土如花岗岩风化土及冷凉地区，可使接穗品种的果实和枝条及时成熟，品质好，与佳美、比诺、霞多丽等早熟品种结合很好。在多国应用广泛。

（6）101–14MG，法国利用河岸葡萄与沙地葡萄杂交育成。雌性株，可结果。极抗根瘤蚜，较抗线虫，耐石灰质土壤能力中等（抗 9%活性钙），不耐旱，抗湿性较强，能适应黏土壤。产枝量中等。扦插生根率和嫁接成活率较高。嫁接品种早熟，着色好，品质优良。是较古老的、应用广泛的砧木品种，以早熟砧木闻名。适宜在微酸性土壤中生长。该砧木是法国排名第七位的砧木，主要用于波尔多市；也是南非排名第二位的砧木品种。

（7）1103P，意大利利用伯兰氏葡萄与沙地葡萄杂交育成。雄株。植株生长旺。极抗根瘤蚜，抗根结线虫。抗旱性强，适应黏土地，但不抗涝，抗盐碱。枝条产量中等，每公顷产 3 万~3.5 万 m，与品种嫁接成活率高。抗根瘤蚜，抗根结线虫，抗石灰质土壤（抗 17%活性钙），可使接穗品种树势旺，生长期延长，成熟延迟；不宜嫁接易落花、落果的品种。产枝量中等。生根率较低，室内嫁接成活率较低，田间就地嫁接成活率较高。成活后萌蘖很少，发苗慢，前期主要先长根，因此抗旱性很强，适于干旱瘠薄地栽培。

（8）140Ru，原产意大利。美洲种群内种间杂种。19 世纪末 20 世纪初，由西西里的 Ruggeri 培育而成。根系极抗根瘤蚜，但可能在叶片上携带虫瘿。较抗线虫，抗缺铁，耐寒、耐盐碱，抗干旱，对石灰质土壤的抗性优异，几乎可达20%。生长势极旺盛，与欧亚品种嫁接亲和力好，适宜在偏干旱地区、偏黏土壤上生长。插条生根较难，田间嫁接效果良好，不宜室内床接。

第四章
主要树形及整形修剪

83. 常见的葡萄架式和整形方式有哪些?

葡萄的架式主要分篱架和棚架两大类，其中单壁篱架被广泛采用。这种架式的架面与地面垂直，一般采用南北走向，架面两侧都能受光，通风透光条件良好，有利于浆果品质的提高。叶片排列与架面垂直，单壁架面比棚架能容纳更多的叶片，并且管理方便，适于密植，容易达到早期丰产，是空间营养面积利用比较理想的架式。因此，葡萄栽培适宜采用单壁篱架的架式。双壁篱架以及棚架等架式，只要能够保证通风透光和足够的叶面积也可以采用，但如果枝叶过于郁闭，光照条件差，将导致果实着色不良、含糖量低、品质低劣，难以获得理想的经济效益。葡萄栽培采用的整形方式，要保证通风透光，管理方便，丰产稳产。常用的整形方式有"V"形架单干双臂形、"T"形整形和龙干形整枝等。

84. 什么是单干双臂形整形技术?

该树形由1个主干和两个水平主蔓及若干结果母枝组组成。特点是：每株葡萄只保留1个直立粗壮的主干，高60~80cm，用以支撑葡萄枝蔓，输导葡萄营养。主蔓呈单轴延伸，在主蔓上直接着生结果母枝。叶幕可采用"V"形或直立形，每株葡萄结果部位距地面基本一致，形成一个集中紧凑的果穗区，既便于管理，也易于采收，还利于保证葡萄质量。

葡萄单干双臂树形

此种树形的篱架，由3层不同高度的铁丝组成：第1道距地面60~80cm，第 2 道距地面 95~120cm，第 3 道距地面 135~165cm。双臂固定在第 1 道铁丝上，新梢绑缚在第 2、第 3 道铁丝上。

单干双臂树形结果部位基本一致，叶幕分布均匀，通风透光好，劳动效率高，是目前葡萄栽培中主推架式之一。

85. 什么是 "T" 形整形技术？

"T" 形树形，主干高度 1.8~2.0m，株距 2m，行距 6~8m，顶部配置两个对生的、长度 3~4m 的主蔓。主蔓上直接配置结果母枝，其配置密度为每米 10 个，单株配置 60~80 个结果母枝。

定植发芽后，选留 1 个新梢，立支架垂直牵引，抹除高度 1.8m 以下的所有副梢，待新梢高度超过 1.8m 时，摘心。从摘心口下所抽生的副梢中选择 2 个副梢相向水平牵引，培育成主蔓。主蔓保持不摘心的状态持续生长，直至封行后再摘心。

该树形适合生长旺盛的品种如夏黑等。新梢水平生长有利于缓和树势，促进花芽分化，充分利用阳光。架面以下没有枝条，通风良好，病害较轻。果穗全部在叶幕之下，可以防止日烧的发生。该树形在观光果园和南方地区采用较多。

葡萄的 "T" 形架

86. 什么是飞鸟树形？

（1）基本结构。葡萄飞鸟形树形栽培的棚架高度为 1.8m，行距 2.5~3.0m，株距 1.5~2.5m。

（2）整形方法。葡萄小苗定植发芽后，留 1 根生长最健壮的新梢向上生长，其余芽抹除或摘心。葡萄苗生长到 1.2～1.3m 时摘心，顶部发芽后保留 2 个壮芽，使 2 个芽沿着固定主蔓的铁丝向相反方向生长成主蔓，主蔓两侧配备结果枝组，与水平方向呈 45°～60°角，引向架面上第 1 道铁丝生长，并压平在第 2 道铁丝上，同侧结果枝组的枝条间距保持在 20～25cm，枝条生长达到 7～8 片叶时进行第 1 次摘心，摘心后发出的副梢，保留先端 1 个副梢继续向前延伸，其余副梢一律去除，当先端副梢长到 3～4 片叶时进行第 2 次摘心，摘心后再发生的副梢反复摘心，使枝条成熟。冬剪时 2 条主蔓分别保留 1.4m 剪截，主蔓上结果枝组基部 1～2 个饱满芽短截。

翌年，当主蔓上结果枝组花序以上叶片达到 5～6 片时进行第 1 次摘心，摘心后新生长出的副梢，保留先端 1 个副梢继续向前延伸，其余副梢一律去除，当先端副梢长到 4～5 片叶时进行第 2 次摘心，摘心后仍保留先端 1 个副梢继续向前延伸，其余副梢去除，以后先端副梢保留 1～2 片叶反复摘心。冬剪时，采用中、短梢修剪，具体的修剪量因品种而异。

葡萄飞鸟树形

87. 什么是冬季修剪技术？

冬季修剪，即休眠期修剪。通过短截、疏剪、回缩等方法，进行整形。剪除病虫害枝、机械损伤枝、无结果能力弱枝、未成熟枝条和过密枝；剪除过多的芽眼，调节植株负载量；培养预备枝，及时更新衰老枝蔓，控制结果部位上移。夏季修剪，包括抹芽、摘心、定梢、摘除卷须和老叶、环状剥皮、新梢绑缚等树体管理的事项。

 88. 什么时间修剪？

修剪的时期应在落叶后树体养分充分回流之后至翌年树液开始流动前。郓城地区一般在 12 月至翌年 2 月中旬前完成。

89. 什么是夏季修剪？

夏季修剪，贯穿整个生长期。控制新梢徒长、调整养分分配，改善光照条件，提高果实的产量和品质；培养充实健壮、花芽分化良好的枝蔓，为翌年生产打好基础。

90. 什么是短截？

就是一年生枝剪去一段，留下一段的剪枝方法。短截可分为极短梢修剪（留 1 芽）、短梢修剪（留 2~3 芽）、中梢修剪（留 4~6 芽）、长梢修剪（留 7~11 芽）和极长梢修剪（留 12 芽以上）。短截的作用有：减少结果母枝上过多的芽眼，对剩下的芽眼有促进生长的作用；把优质芽眼留在合适部位，从而萌发出优良的结果枝或更新发育枝；根据整形和结果需要，可以调整新梢密度和结果部位。短截是葡萄冬季修剪的最主要手法，在某一果园究竟采用什么修剪方式，取决于生产管理水平、栽培方式和栽培目的等多方面因素。

91. 什么是极短梢修剪？

当年生枝条修剪后只保留 1 个芽的称为极短梢修剪。极短梢修剪适于结果性状良好的品种、花芽分化好的果园及架式。一般欧美杂种如京亚、巨峰、户太 8 号、藤稔等，花芽分化节位较低，如果管理规范，采用棚架或水平架，花芽分化一般较为良好，可考虑采取极短梢修剪的方式。

92. 什么是短梢修剪？

为了防止结果部位的外移而远离主枝或侧枝，冬季修剪时，对成熟的一年生枝留 2~3 芽修剪的方法，称作短梢修剪。短梢修剪具有简单易学、便于普及的优点，但修剪极重，翌年新梢势力容易过强。适用于短梢修剪的品种，如上述的欧美杂种以及其他结果性状较好的品种如维多利亚、87-1、绯红等，在管理较为规范、花芽分化较好的地块均可采用短梢修剪。

93. 什么是中梢修剪？

当年生枝条修剪后保留 4~6 个芽的称为中梢修剪。适用于生长势中等、结果枝率较高、花芽着生部位较低的欧亚种，如维多利亚、87-1、红地球、红宝石无核等。对成花节位高的品种，则采用中梢与更新枝结合的修剪，即长留一个母枝（5~8 芽）时，在其基部超短梢修剪一个母枝作预备枝。

94. 什么是长梢修剪？

当年生枝条修剪后保留 7~11 个芽的称为长梢修剪。长梢修剪适用于生长势旺盛、结果枝率较低、花芽着生部位较高的欧亚种，如美人指、克瑞森无核等品种。长梢修剪的优点为：能使一些基芽结实力差的品种获得丰产；对于一些果穗小的酿酒品种比较容易实现高产；可使结果部位分布面较广，特别适合宽顶单篱架。结合疏花疏果，长梢修剪可以使一些易形成小青粒、果穗松散的品种获得优质高产。对那些短梢修剪即可丰产的品种，若采用长梢修剪则可能结果过多；结果部位容易出现外移。

95. 什么是超长梢修剪？

当年生枝条修剪后保留 12 个以上芽的称为超长梢修剪。大多数品种延长头的修剪多采用超长梢修剪。

96. 如何进行枝蔓更新？

结果母枝更新目的在于避免结果部位逐年上升外移和造成下部光秃，修剪方法有：双枝更新——结果母枝按所需要长度剪截，将其下面邻近的成熟新梢留 2 芽短剪，作为预备枝。预备枝在翌年冬季修剪时，上一枝留作新的结果母枝，下一枝再行极短截，使其形成新的预备枝；使结果母枝于当年冬剪时被回缩掉，以后逐年采用这种方法依次进行。双枝更新要注意预备枝和结果母枝的选留，结果母枝一定要选留那些发育健壮充实的枝条，而预备枝应处于结果母枝下部，以免结果部位外移。单枝更新——冬季修剪时不留预备枝，只留结果母枝。翌年萌芽后，选择下部良好的新梢，培养为结果母枝，冬季修剪时仅剪留枝条的下部。单枝更新的母枝剪留不能过长，一般应采取短梢修剪，不使结构部位外移。

经过年年修剪，多年生枝蔓上的"疙瘩""伤疤"增多，影响疏导组织的畅通；另外，对于过分轻剪的葡萄园，下部出现光秃，结果部位外移，造成新梢细弱，果穗果粒变小，产量及品质下降，遇到这种情况就需对一些大的主蔓或侧枝进行更新。凡是从基部除去主蔓进行更新的称为大更新。在大更新以前，必须积极培养从地表发出的萌蘖或从主蔓基部发出的新枝，使其成为新蔓，当新蔓足以代替老蔓时，即可将老蔓除去。对侧枝蔓的更新称为小更新。一般在肥水管理差的情况下，侧蔓4~6年需要更新1次，一般采用回缩修剪方法。

97. 如何进行抹芽和定枝？

在芽已萌动但尚未展叶时，对萌芽进行选择去留即为抹芽。当新梢长到15~20cm时，已能辨别出有无花序时，对新梢进行选择去留称为定枝。抹芽和定枝进一步调整冬季修剪量于一个合理的水平上。

98. 什么是枝蔓和新梢的引缚？

对于冬季不埋土的葡萄产区，冬季修剪后（埋土防寒地区在春季出土后）枝蔓应随即引缚于架面的铁丝上，这就是主蔓引缚。当年新梢长到一定长度（40cm左右）后，将其合理引缚在架面上称为新梢引缚。通过引缚可以使新梢均匀地分布在架面上，接收良好的光照，改善营养条件。新梢的引缚，对于控制新梢生长、形成合理叶幕形将起重要作用。

99. 什么是摘心和副梢处理？

摘心和副梢处理是夏季修剪管理的重要内容。摘心（打尖、打头、掐尖）一般是把主梢嫩尖和数片幼叶一起摘去。它可以暂时抑制该枝的延长生长，减少梢尖幼叶对养分、水分的消耗，促进留下的叶片迅速增大并加强同化作用，使树体内的养分重新分配，使养分向花序输送。对结果母枝来说，摘心还可以改善花序（或果穗）的营养。

第五章
花果管理

100. 怎样疏花序？

疏花序就是根据花穗的数量和质量，将发育差的弱小花序和分布密或位置不适当的花序疏掉，使养分集中供应给保留下的优良花序。一般当植株负载量较大、肥水条件差、植株长势弱、果枝过多或落花落果严重的品种，可适当除去部分花序。疏花序一般在开花前7~10d进行，花前一周必须完成疏花。强旺和中庸结果枝均保留单穗，弱小结果枝不留果穗。对于双花序结果枝，选中等穗形果穗留下，但尽量坚持"留下不留上，留大不留小，留壮不留弱"的原则，保持果穗大小适中。

 101. 怎样疏果？

葡萄果实数量较多而且密集时，要进行疏果。落花后及时理顺果穗，使之自然下垂，避免与枝蔓、铁丝挤压。顺穗的同时，手握果穗，轻轻摇动，将果穗内未受精的小果振落，然后疏除果穗上的副穗和密集部分的小穗、小青果，使果粒均匀分布，松紧适度，并使果实成熟后果穗整齐，穗形呈圆球形或圆锥形。调整果穗内的果粒数，使果粒均匀分布在果穗上，目标穗重控制在500~750g，根据品种和目标穗重确定果粒数和穗数，一般每穗留果50~80粒。

102. 怎样进行果穗整形？

（1）去副穗和歧肩。在开花前一周，将副穗和歧肩剪除，同时剪除花序基部的3~4层副穗，形成长穗柄果穗。

（2）花穗整形。留穗尖整形，疏除过密果粒、小青果使果穗松紧适度，并使成熟后果穗整齐，穗形呈圆球形或圆锥形。目标穗重控制在500~750g，根据目标穗重和亩产量确定果粒数和穗数，在花前一周进行。

（3）调整果穗形状。在落花后，及时调整果穗形状，使穗形丰满，呈圆柱形或圆锥形。

103. 怎样看待生长调节剂使用？

生长调节剂对于防止落花落果、提高坐果率、诱导无核化、促进果实着色、提高果实品质均具有重要的作用，但不合理的使用会带来潜在的食品安全问题，应根据不同品种的特性及市场需求，合理地使用生长调节剂。

如发现新梢生长过旺，可在喷施的药剂或叶面肥中添加控梢类成分。可用于控梢的药剂，常见的有矮壮素、多效唑、烯效唑、缩节胺、调环酸钙等。

调环酸钙使用最安全，对果实膨大影响最小，适合在开花前后及幼果期使用，15%含量稀释倍数为 1 000 倍。

幼果一次膨大期，新梢长势加强，使用调环酸钙可能控梢效果不佳。此时可换用缩节胺（25%甲哌嗡）600 倍液。

 ## 104. 套袋的时期与方法？

一般在果实坐果稳定、整穗及疏粒结束后立即开始葡萄套袋，赶在雨季来临前结束，以防止早期侵染病害及日烧。如果套袋过晚，果粒生长进入着色期，糖分开始积累，不仅极易侵染病菌，而且日烧及虫害均会有较大程度地发生。另外，套袋要避开雨后的高温天气，在阴雨连绵后突然晴天，如果立即套袋，则会增加日烧病的发生，因此，要经过 2~3d，使果实稍微适应高温环境后再套袋。

套袋前，全园喷布 2~3 遍杀菌、杀虫剂，如复方多菌灵、代森锰锌、甲基硫菌灵等，重点喷布果穗，药液晾干后再开始套袋。将袋口端 6~7cm 浸入水中，使其湿润柔软，便于收缩袋口，提高套袋效率，并且能够将袋口扎紧扎严，防止害虫及雨水进入袋内。套袋时，先用手将纸袋撑开，使纸袋整个鼓胀，然后由下往上将整个果穗全部套入袋内，再将袋口收缩到穗柄上，用一侧的封口丝紧紧扎住。套袋时，不能用手揉搓果穗，防止果粒受损而影响外观。

第六章
土肥水管理

105. 水肥一体化的特点是什么？

与大水漫灌相比，微灌条件下的土壤肥水运行规律有很大的不同，其灌溉和施肥的理论及方法发生了革命性的变化，成为一种全新的灌溉、施肥技术。其主要特点表现为：小流量、长时间、高频率、局部灌溉、按需分配。

106. 什么是果园覆盖？

自然生草

在土壤深耕时，结合覆盖有良好的效果，既可抑制杂草生长，又可以免去中耕的烦琐，免去人畜踩踏，可以保持良好的土壤理化性状。覆盖物有秸秆、塑料编织物或地膜等。以根域限制栽培方式栽培葡萄时，土壤覆盖是一项必须采取的措施。

果园覆草一般在 5 月中旬至 6 月中旬进行。其优点是可以减少地表水分蒸发，增加土壤有机质和养分含量，调节地温，抑制杂草生长，不用耕锄也能保持土壤疏松，通气性良好。覆草后，应及时补充速效性氮肥。

早春果园覆盖地膜，可以提高地温，保持土壤湿度，促进根系活动和增强吸收能力，从而有利于葡萄植株的生长。另外，选用除草膜覆盖还可以有效地防除杂草。

107. 什么是土壤改良？

为了改善土壤的理化性状，提高肥力，需有计划地进行土壤的培肥改良。尤其对盐碱滩涂、混有砾石的瘠薄土壤及黏重、通气透水性差的土壤，必须进行改良，才能优质高产。土壤改良要依照局域根域管理的理念，不必大面积改良。土壤改良必须结合有机肥的施用，否则难有良好效果，有机肥的投入量要足够，基本原则是回填土量的 1/8~1/6，改良土壤的有机肥必须是优质的，有机质含量要高，最好是腐熟的羊粪等，避免使用河泥等劣质肥料。

108. 什么是简易覆盖技术？

在北方葡萄产区，欧亚种葡萄均需要考虑抗寒栽培。埋土防寒是生产上常用的抗寒技术。但每年的下架、埋土、出土、上架过程，需要投入大量的人力物力，不仅费时费工，而且还容易造成树体伤害，引发枝干病害。简易覆盖是生产中最常用的简化防寒措施。

简易覆盖采用无纺布类型的毡布为主要覆盖防寒材料，无纺布价格低廉，每平方米 1.2~1.4 元，能重复多年使用，与其他秸秆或棉被等材料相比，搬运贮放容易。单层无纺布毡可有效提高地温 1.73~3.86℃。

109. 追肥施用时期主要有几次？

基肥施用时期在浆果采收后立即使用基肥。追肥施用时期主要有 3 次：第一次在萌芽后进行，第二次在花后至浆果膨大前，第三次在浆果迅速膨大期。

110. 什么是秋施基肥？

基肥通常以迟效性的有机肥料为主，可以混合一定数量的化肥如过磷酸钙等，按照全年施肥量的 60%~70% 施用。时间一般在葡萄采收后至土壤封冻前的秋季进行，在此期间正值葡萄根系的第二次生长高峰，吸收能力较强，伤根容易愈合。加上叶功能尚未衰退，光合能力增强，有利于树体进行营养的积累，提高葡萄的抗寒能力。施用时，注意要距离根系分布层稍深、稍远些，以诱导根系向深向广生长，扩大根系吸收范围。

111. 葡萄如何追肥？

追肥主要追施速效性化肥，按全年总施肥量的 30%~40% 施用。在生产中要根据负载量及土壤状况，合理确定葡萄追肥的时期和比例。对结果多的园，需增加钾、氮、磷、镁、铁、硼等肥料，尤其是增加氮肥和钾肥的数量。施肥时期注意氮、硼肥放在果实生长前期，磷、镁肥放在果实生长中期，钾、铁肥放在果实糖分积累期。花前追肥：以氮肥为主，氮、磷结合的速效性肥料，主要目的是促进枝叶生长及花序分化。花后追肥：谢花后幼果开始生长，是果树需肥较多的时期，应及时补充速效性氮肥，配合适量磷、钾肥，以促进新梢生长，保证幼果膨大，减少落果。催熟肥：于浆果开始着色时进行追肥，此时追肥以磷、钾肥为主，主要为了促使枝条充实，促进果实成熟与着色。

112. 什么是根外施肥？

根外施肥是将肥料直接喷到叶片或枝条上，方法简单易行，肥效快，用肥量小，并且能够避免某些元素在土壤中的固定作用，可及时满足果树的急需。如花期前后喷施 0.3% 的硼砂 +0.3% 的尿素，可以有效地防止落花落果，提高坐果率；浆果着色期喷施 0.3% 的磷酸二氢钾 +500 倍的光合微肥，可以促进果实着色，提高品质。根外追肥最适宜的气温为 18~25℃，湿度稍大效果较好，所以喷施时间一般在 10 时以前和 16 时以后进行。一般喷施前，应先进行试验，确定无肥害再喷施。

113. 主要的灌水时期有哪些？

一般成龄葡萄园要在葡萄生长的萌芽期、花期前后、浆果膨大期和采收后浇水 5~7 次，而在花期和浆果成熟期则要注意控水，以防落花落果和降低果实品质。

114. 什么是萌芽水？

发芽前，此期从树液流动、萌芽至开花前。此时正值春旱，土壤急需补充水分。萌芽前，应灌 1 次透水，以促进萌芽及新梢生长。

115. 什么是花前水？

开花前 7~10d 灌水，可满足新梢和花序生长发育的需要，为开花坐果创造良好的条件。一般葡萄盛花期不宜灌水，但在干旱年份或保水力差的沙地，可小水灌 1 次。

116. 膨果期如何灌水？

果粒膨大期，幼果开始膨大，新梢生长旺盛，此时必须灌溉以供给充足的水分。首要目标是促进果粒膨大。保持相对丰富的含水量有利于果粒膨大，并保持新梢活力，但土壤过湿，又会促使新梢旺长，与果实竞争光合产物等，抑制果粒膨大。

从生理落果至果实着色前，此期新梢、幼果均在旺盛生长，且气温不断升高，叶片水分蒸发量大，对水分和养分最为敏感，是葡萄需水、需肥的临界期。要结合施催果肥浇水，之后再根据天气、土壤情况决定浇水多少。一般干旱少雨时，可每隔半个月浇 1 次，以促进果粒膨大。

果粒生长后期到成熟前。灌水可以继续增大果粒体积，提高产量，也有利于促进浆果成熟和提高品质。但要注意土壤过湿会诱发裂果，不要灌水过量，也不要干湿变动过大。

117. 采收后怎样灌水？

采收后葡萄植株需水量逐渐减少，树体进入营养积累阶段，适宜的灌水有利于营养积累，也有利于翌年的生长发育。通常在采收后，结合秋深耕或秋施基肥灌水。

118. 越冬水怎么灌？

越冬水，在葡萄冬剪和埋土前是全年最后 1 次灌水。冬灌要求灌水量要充足，而且要适当提早。如果冬灌过晚，土壤湿度过大，会产生芽眼和枝蔓发霉或腐烂等现象。在埋土防寒区，一般在埋土前 15～20d 开始灌水。

119. 怎么确定灌水量？

灌水前要充分掌握近期的降水情况、土壤湿度，确定合适的土壤灌水期和灌水量。每次的灌水量因土壤的质地、根系分布范围的不同而不同，大体上每立方米的根系分布范围（容积）灌水 60～90L。

春季出土后灌水量要大而次数宜少，以免降低地温影响根系的生长。夏季要适当增加灌水次数，冬季水量要大。成龄葡萄园灌水后土壤渗透深度应在 100cm 左右，幼龄园以 60～80cm 为宜。前期（萌芽至浆果生长期）保持土壤湿度（田间持水量）以 70%～80% 为宜，后期（浆果成熟期）以 60%～70% 为宜。

120. 控水的意义是什么？

花期控水。此期从初花至末花期，为 10～15d。花期遇雨，影响葡萄的授粉受精，出现大小粒现象。同样，花期浇水引起枝叶徒长，营养消耗过多，严重时将影响花粉发芽，落花落蕾，造成减产。花期适当控水，可促进授粉受精，提高坐果率。

着色期控水。浆果着色成熟时，水分过多或降雨多，影响浆果着色，降低品质，易发生炭疽病、白腐病等，有些品种还可能出现裂果。这个时期尽量控水，可提高浆果含糖量，加速着色和成熟，防止裂果，提高果实品质。

121. 冬季如何防寒？

加强植株的后期管理：合理确定采果时期、秋季施足基肥、严格控制病虫害的发生、防止植株早期落叶等技术措施。

推迟修剪时间：适当推迟修剪时间，可以在翌年伤流期前进行修剪。

注意适时灌封冻水：修剪后10d，应灌1次防寒水，目的是防止根系冻害和早春干旱。灌水时一定要灌足，以土壤达到饱和状态为标准。

 122. 春季如何防晚霜冻？

加强栽培管理，提高树体抗性；早春灌水和涂白；霜冻前果园灌水和喷水；花前喷化学药剂和肥料（花前喷天达2116、植病灵863增抗剂等。初花期喷磷酸二氢钾、氨基酸钙、硼砂等，增强抗冻能力）；熏烟防霜是一种较好的方法，必须群防，才有良好效果。

 123. 冬春季如何防治葡萄枝蔓抽干？

运用综合技术措施，促使枝条充实：其重点是促进枝条前期正常生长，后期及时控制生长。因此，应严格控制秋季水分，自8月以后注意少灌水，排去土壤过多水分，避免间作秋季需水多的作物；后期不施氮肥而增施磷、钾肥；秋季对旺枝可采取连续摘心控制生长，使枝条充实。

防风增温措施：营造防风林可明显减轻果树越冬抽条，在果树北侧筑起60~70cm高的半圆形土埂，可以造成温暖向阳的小气候，使土壤提早解冻，也可减轻抽条的发生。

栽培管理措施：土壤封冻前灌冻水，树干涂白，土壤刚解冻时及时中耕松土等方法对防止抽条都有一定的作用。

剪口蜡封措施：修剪后用蜡或黄油对剪口进行涂抹是一种很有效的防抽干技术措施。

第七章
葡萄设施栽培

124. 什么是葡萄设施栽培?

葡萄设施栽培是指利用温室、塑料大棚和避雨棚等保护设施,通过改善或控制设施内的光照、温度、湿度、CO_2浓度、土壤质量等小气候环境条件,人为地提早或推迟葡萄的发芽和采收时间,或抵御某些不良外界环境影响,实现提早或延迟采收以及有效预防病虫害等生产目标,进而获得良好栽培效益的一种栽培模式。

125. 葡萄设施类型有哪些?

葡萄设施类型有多种,包括避雨棚、单栋大棚、连栋大棚、日光温室等。根据设施栽培目的分类主要有促早栽培、延迟栽培和避雨栽培。

126. 设施栽培有哪些优势?

(1) 优质高效生产,提高生产效率。

(2) 实现错季生产。设施栽培是反季节生产的有效措施,通过科学的调控设施环境,实现葡萄提早或延后上市,实现多种经营,进一步提高收益。

(3) 扩大葡萄栽培区域。设施栽培增加了葡萄生长的适应能力,对优良品种的扩大种植提供了保障。

(4) 抵御自然灾害,增加抗风险性。设施栽培减少了不良天气对葡萄生长的影响。如花期遇雨水造成坐果率低、花果期遇冰雹天气可以阻隔冰雹等。

(5) 生态环境友好,保障果品质量安全。设施栽培为葡萄生长提供了适宜的生态环境,使葡萄生长旺盛,病虫害发生概率降低,减少生产中的用药频次,降低农药投入,避免农药残留,保障葡萄果品质量安全。

127. 什么是避雨栽培?

避雨栽培也叫打伞栽培,是通过搭建避雨棚(将塑料薄膜覆盖在树冠顶部的一种简易设施),起到减少雨水冲刷,以达到减少病虫害的发生、减少用药次数、提高浆果品质和安全性的目的,是介于温室栽培和露地栽培之间的一种集约化栽培方式。

128. 避雨栽培有哪些缺点?

(1) 在干旱情况下,易发生土壤干旱。由于避雨棚膜的覆盖,减少了到达葡萄根部土壤的雨水量，造成根系缺水干旱，影响葡萄生长。在实际生产中应与滴灌有机结合，避免干旱的发生。

（2）高温时，避雨棚下温度过高，易发生日灼、白粉病和红蜘蛛等病虫害。在实施避雨设施后，生产中要使葡萄叶幕与避雨设施间保持一定距离，避免高温伤害。当避雨棚下温度超过33℃时，要及时通风降温；也可通过果实套袋的方式进行降温处理，减少日灼的发生；在持续晴好天气的情况下，做好葡萄白粉病、红蜘蛛等高温干燥环境下易发病虫害的防治工作；为防止土壤温度过高，应少量多次地及时灌溉。

（3）避雨设施对强风的抵抗力弱。在台风易发的沿海地区，或者风较大的地区，要采用更适合避雨设施结构和适宜材料。

（4）避雨棚膜下的温度较高，葡萄新梢易徒长。应注意控制氮肥的施入量，对生长旺盛的品种可以选用植物生长调节剂进行控制。

129. 设施棚葡萄生长期温度怎样控制？

覆膜至萌芽期，白天控制在15~22℃，晚上控制在7~10℃；萌芽后至开花期，白天控制在20~25℃，晚上控制在15~20℃；开花期前后，白天控制在24~26℃，晚上控制在15~20℃；浆果膨大期至成熟期，白天控制在25~28℃，夜晚温度不宜过高；果实采收后，揭掉棚膜。

130. 设施棚生长期湿度怎样控制？

从开始扣棚到萌芽期，空气相对湿度控制在90%左右，利于萌芽；新梢生长期，空气相对湿度控制在70%左右；开花期，空气相对湿度控制在50%以下，有利于坐果；从开花期至成熟期，空气相对湿度控制在60%左右即可。

131. 设施棚怎样通风降温？

大棚放风口位置应设在大棚西侧的底部和肩部。前期放风要通过肩部，使棚内温度下降，且冷空气侵入时有缓冲距离，不至于引起棚内温度剧烈波动。后期放风时，打开底部和肩部放风口，热空气从顶部散去，冷空气从底部进入，形成气流，降温速度快。

132. 什么是 CO_2 施肥？

设施棚栽培条件下，由于保温需要，常使葡萄处于密闭环境，通风换气受到限制，造成大棚 CO_2 浓度过低，影响光合作用。研究表明，当设施内 CO_2 浓度达到室外浓度（400μg/g 左右）的 3 倍时，光合速率会提高 2 倍以上，而且在弱光条件下的效果更明显。在天气晴朗时，从 9 时开始，大棚内 CO_2 浓度明显低于大棚外，使葡萄处于饥饿状态，因此，增施 CO_2 对大棚栽培的葡萄非常重要。

133. 什么是促早栽培？

促早栽培指的是利用设施条件，调节环境温度、湿度、光照等环境因子，辅以植物生长调节剂等的正确使用，创造葡萄生长的适宜环境，使设施内葡萄比露地栽培葡萄提早萌芽、生长、发育，果实提早成熟，实现淡季供应，缩短栽培周期，提高葡萄栽培效益的一种栽培方式。

134. 促早栽培有什么特点？

促早栽培具有生长速度快、生长量大、植株提早开花结果、提早采收等特点，使葡萄在水果淡季上市，满足消费者需求，其市场价格远高于露地栽培的葡萄，经济效益高。

缺点是设施大棚内的环境往往伴有高温、高湿、弱光照和 CO_2 缺乏等情况，所以很多在露天表现良好的品种在设施内往往出现成花难、产量低、品质低的问题。

135. 什么是延迟栽培？

延迟栽培是指在春天气温回升时利用人工措施保持设施内低温环境（10℃以下），延迟葡萄萌芽、开花和成熟，结合生长后期覆盖防寒，尽量延长葡萄果实生育期，使葡萄延迟到常规季节之后成熟采收，实现新鲜果品的淡季供应，提高葡萄经济收益的一种栽培方式。

136. 延迟栽培适用于什么地方？

延迟栽培一般适用于我国西北、东北以及一些年平均气温低于 8℃、无霜期短、积温较低，但光照较充足的地区。

137. 延迟栽培要注意什么？

（1）延迟栽培以晚熟或极晚熟葡萄品种为宜，尤其是耐挂树、不易落粒、不缩果、抗白腐病等成熟期病害的品种。

（2）半地下式设施温室更适合于延迟栽培，可以更好地实现早春低温和后期保温的环境调控。

（3）要因地制宜，结合气候条件和设施环境，采用切实可行的延迟栽培技术，不可盲目发展，以免造成葡萄延后不成功，烂果烂粒严重，或严重影响翌年的产量。

（4）要加强病虫害的防治，葡萄延迟栽培延长了生长管理周期，且后期棚内环境变化大，易发生各种病害。

（5）不能为了获得更高收益而过分推迟采收时间，否则不仅会增加更多的防寒成本，也会造成树势衰弱，影响翌年的产出，同时，因为温度、病虫害等因素的不可控性，风险系数会大大增加。

138. 什么是根域限制栽培?

根域限制栽培技术就是利用物理或生态的方式将果树根系控制在一定的容积内，通过控制根系生长来调节地上部的营养生长和生殖生长，是一种新型栽培技术，也是近年来果树栽培技术领域一项突破传统栽培理论、应用前景广阔的前瞻性新技术。

139. 限根栽培有什么特点?

根域限制作为一种新的果树栽培模式具有以下特点。

（1）提高了果实品质。

（2）抑制新梢生长，促进成花，提高坐果率，增加产量。

（3）增加施肥的目的性和可控性，提高果树营养吸收效率。

（4）根系密度大，容易调控水分，可实现肥水供给的自动化和精确定量化。

（5）根域容积小，容易提高土壤有机质含量。

（6）在老果园更新中可以克服重茬障碍。

（7）不受土壤条件制约，可在盐碱滩涂栽培。

（8）庭院、阳台、楼顶的绿化方式上有应用价值。

（9）在景观树木的抚育、栽植和移栽中应用价值高。

（10）可根据果树的需要精确灌水，节水效果显著，在西部干旱缺水地区的节水农业有重要应用价值。

140. 郓城地区葡萄种植适合什么样的限根栽培?

郓城地区葡萄种植可采用沟槽式、垄式根域限制模式,用客土土壤填充根域,将葡萄栽培在客土土壤的根域中,应用滴灌技术供给营养肥水,则可以完全保证葡萄树的生长和结果不受盐碱地的影响,实现高产优质栽培。

第八章
病虫害防控技术

141. 葡萄霜霉病怎样识别?

葡萄霜霉病主要为害叶片，其次为嫩梢、果实。叶片受害，起初表现为淡黄色水浸状小斑点，随着时间推移逐渐变为褐色不规则病斑，叶片背面产生白色霉层，严重时病叶枯黄、脱落。嫩梢受害，初期呈淡黄色病斑，逐渐变为黄褐色，潮湿时表面产生稀疏的白色霉状物。幼果受害，初期病部呈淡绿色，逐步变为深褐色，病部凹陷，出现白色霉层，后期果实变硬易萎缩脱落。

葡萄霜霉病（尹向田　拍摄）

142. 葡萄霜霉病怎样防治?

推广抗病品种：采用对霜霉病具有良好抗性的品种，可以降低病害发生概率，减轻病害防控压力。

田间管理：清除病枝、落叶并集中销毁，减少越冬菌源。增加有机肥使用量，合理修剪，尽量剪除过低和过多的枝蔓、叶片，对果穗进行套袋，都能有效减少病菌的侵染。

避雨栽培：采用避雨葡萄栽培模式，可降低园中土壤水分和空气湿度，减少喷药次数和用药量，减轻葡萄霜霉病的发生和为害。

化学防治：生长季节定期喷施保护性杀菌剂如波尔多液，可有效预防病害发生，且不会产生抗药性。发病后可用的杀菌剂有50%烯酰吗啉3 000~4 000倍液、80%霜脲氰水分散粒剂2 000~4 000倍液、25%精甲霜灵2 500倍液、72.2%霜霉威500倍液等。葡萄如发生霜霉病，在防治过程中若需多次用药，应选择多种药剂轮换使用，避免产生抗药性。

143. 葡萄黑痘病怎样识别？

黑痘病主要为害植株的幼嫩组织，叶片发病，形成圆形或不规则的病斑，边缘褐色，病斑外有淡黄色晕圈，病斑中央灰白色，并逐渐干枯破裂形成穿孔。果粒受害，在果粒表面形成不规则的褐色圆斑，病斑外部颜色较深，中部灰白色，稍凹陷，类似鸟眼状。果梗、新梢受害，初期呈近圆形的病斑，后期扩大为椭圆形的灰黑色病斑，中部凹陷。

葡萄黑痘病（尹向田　拍摄）

144. 葡萄黑痘病怎样防治？

选用抗病品种：不同品种对黑痘病抗性差异显著。建园前，应根据当地气候条件和管理水平，选择适宜的品种。

农业防治：加强肥水和土壤管理，多施有机肥和生物菌肥，避免过量施用氮肥，提高葡萄的抗病能力。干旱时及时灌水，积水时及时排渍。科学进行疏花疏果、副梢等，提高结果部位，改善架面通风透光条件。及时清理病果、病枝，及时绑蔓，修剪，保持架面通风。

药剂防治：萌芽前全园喷洒喷施 5 波美度石硫合剂，减少植株和土壤表面越冬的分生孢子。花期、果实成熟期、采收前是防治的关键时期。常用保护性杀菌剂有波尔多液 200 倍液、50%福美双可湿性粉剂 600 倍液、70%甲基硫菌灵 1 000 倍液；发病后可用的杀菌剂有 50%嘧菌酯 3 000 倍液、40%氟硅唑 8 000 倍液等。

145. 葡萄灰霉病怎样识别？

葡萄灰霉病主要为害花序和果实，也可为害新梢、叶片。花序和幼穗受害，侵染部位呈淡褐色、水浸状，后期病部变暗，严重时会导致整个花穗失水萎缩、干枯脱落，天气潮湿时，在受害花序和幼果上长出灰色霉层。叶片发病，多从边缘开始形成轮纹状、不规则的病斑，病部着生灰色霉状物。果穗多在成熟期受害，气候干燥时，受侵染的果粒干枯，潮湿时，会在果粒表面形成鼠灰色霉层。

葡萄灰霉病（尹向田　拍摄）

146. 葡萄灰霉病怎样防治？

农业防治：多施有机肥和微生物菌肥，避免氮肥过量投入。根据土壤墒情及时灌水，积水时注意排涝。避免果穗周围枝条、叶片过多，及时清除病果。

化学防治：花前、花后、套袋前、果实采收前是防治的关键时期。常用保护性杀菌剂有 78% 波尔·锰锌可湿性粉剂 300 倍液、50% 福美双可湿性粉剂 600 倍或 50% 异菌脲可湿性粉剂 300 倍液等。发病后可用的杀菌剂有 50% 嘧菌酯可湿性粉剂 1 500 倍液、50% 腐霉利可湿性粉剂 600~800 倍液、22.2% 异霉唑乳油 1 000~1 200 倍液、40%嘧霉胺悬浮剂 800~1 000 倍液、20%氟硅唑乳油 3 000 倍液、50%腐霉·福美双可湿性粉剂 1 200~1 800 倍液等。

147. 葡萄白腐病怎样识别？

葡萄白腐病被称为我国葡萄上的四大真菌病害之一，葡萄白腐病一般在生长后期出现，主要为害果穗，也可侵染枝蔓和叶片。果穗发病初期，葡萄果穗的穗轴、果梗上产生灰褐色、水浸状的不规则病斑，病斑慢慢扩大开逐渐同果粒蔓延。病菌从果蒂部位开始侵染果粒，初期为淡褐色，迅速扩展整个果粒，呈灰白色，发病后期果粒上布满白色小颗粒，即病菌的分生孢子器和分生孢子团。发生严重时，全穗腐烂，有时因失水干缩成有棱角的僵果而长久不落。枝条受害，发病部位呈淡褐色水浸状的病斑，随着发病时间延长，病斑慢慢向枝条两端扩展，表面变暗且密生白色的小颗粒，病部皮层易开裂。叶片受害，病菌多从叶尖开始侵染，初呈淡黄色、水浸状病斑，并不断沿着叶缘或叶尖向内扩展，形成褐色的同心轮纹病斑。

葡萄白腐病（尹向田　拍摄）

148. 葡萄白腐病怎样防治？

农业防治：果穗套袋，及时清除菌源，生长季及时剪除病果和枝蔓，落叶后彻底清除病穗、病枝、病叶，带出果园集中处理。科学施肥灌水，保持葡萄园通风透光。

化学防治：春季葡萄上架后发芽前，喷施石硫合剂或 50%福美双可湿性粉剂 500 倍液。开花前后喷施 30%代森锰锌 600 倍液、70%甲基硫菌灵 1 000 倍液等，可预防白腐病害的发生。发病后可用的杀菌剂有 40%苯醚甲环唑水分散粒剂 4 000 倍液、50%嘧菌酯·福美双可湿性粉剂 1 500 倍液等。

149. 葡萄炭疽病怎样识别？

该病主要为害果实。发病初期，果实表面首先形成针尖大小的圆形褐色斑点，随着病原菌在葡萄果实内部的扩展，病斑逐渐增大，病斑后期表面呈凹陷状，发病后期，在病斑表面出现同心轮纹排列的暗黑色小颗粒点，即病原菌的分生孢子盘。环境湿度充足时，病斑表面出现大量粉红色的黏液状物质，即病原菌的分生孢子。

葡萄炭疽病（尹向田　拍摄）

150. 葡萄炭疽病怎样防治？

选用抗病品种：一般果皮薄、晚熟品种受害重，早熟品种受害轻。

农业防治：结合修剪整形，剪除病枝及病果，清理枯枝落叶并带离果园集中深埋，降低病原菌基数。合理疏花疏果，结果枝与营养枝比例控制在1∶1.5，保证树势健壮。避免氮肥过量施用，秋冬基肥多施用有机肥、生物菌肥。

化学防治：春季萌芽前全园喷施 3~5 波美度石硫合剂，清除越冬病源，开花前可使用 80% 波尔多液可湿性粉剂 600 倍液或 50% 福美双·嘧菌酯可湿性粉剂 1 500 倍液，能有效降低初次侵染。果粒转色至成熟期是防治炭疽病的关键时期，可使用保护性杀菌剂如 80% 代森锰锌可湿性粉剂 600 倍液、70% 甲基硫菌灵 1 000 倍液，发病后可用的杀菌剂有 40% 氟硅唑乳油 8 000 倍液、

22%异霉唑水乳剂 1 500 倍液等。

 151. 葡萄溃疡病怎样识别?

葡萄溃疡病在我国普遍存在,主要为害果穗和枝条。果穗为害,首先在穗轴出现褐色、水浸状病斑,湿度大时迅速向四周扩展,使整个小穗轴变褐坏死。枝条受害,当年生枝条上出现梭形病斑,病斑上着生黑色小点,横切维管束变褐。

葡萄溃疡病 (尹向田 拍摄)

 152. 葡萄溃疡病怎样防治?

农业防治:做好清园工作,降低菌源数量。加强田间管理,合理肥水,增强植株抗病能力,并严格控制产量。控制葡萄架夜幕,保持良好的通风透光性。

药剂防治:开花前、果实生长期、套袋前及转色成熟期是防治的关键时期。套袋前喷施 25%嘧菌酯 2 000 倍液和 40%苯醚甲环唑 4 000~5 000 倍液。发病枝条及时剪除,剪口用 40%氟硅唑乳油 8 000 倍液处理。发病果穗及时剪除并喷布 50%异霉唑乳油 3 000 倍液。

 153. 葡萄白粉病怎样识别?

葡萄白粉病在全国各地均有分布,可为害葡萄叶片、穗轴、果实等绿色器官，幼嫩组织容易感病。叶片受害，初在病部形成白粉状不规则病斑，叶背面病组织呈暗黄色，严重时，病斑相互融合，病叶卷曲枯萎。果实受害，首先在果实表面产生一层灰白色粉状物，擦掉白粉，可见果面组织成褐色网状、花纹状坏死，病果生长受阻，易开裂。

葡萄白粉病（尹向田 拍摄）

154. 葡萄白粉病怎样防治？

选用抗病品种：不同葡萄品种对白粉病的抗病性存在较大差异，目前对葡萄白粉病抗病性强的品种有巨峰、夏黑、摩尔多瓦等。

加强田间管理：生长期和秋冬修剪时，及时清除病株残体，降低病原菌基数。生长季科学整形修枝，避免植株生长旺盛，控制留枝量，保持良好的通风透光条件。合理控制负载量，多施有机肥、微生物菌肥，根据葡萄不同生育期养分需求，合理搭配氮磷钾元素的供应。

化学防治：以预防为主，萌芽前全园喷施 3~5 波美度石硫合剂，发芽后喷施石硫合剂，可有效防治初次侵染。开花前、落花后、果实膨大期、采收后是防治的关键时期，常用的保护性杀菌剂有 50%福美双水分散粒剂 1 000 倍液或 50%甲基硫菌灵可湿性粉剂 500 倍液，治疗性杀菌剂如 25%嘧菌酯悬浮剂 1 500 倍液、80%戊唑醇水分散粒剂 8 000 倍液、70%百菌清可湿性粉剂 800~1 000 倍液、42.8%露娜森 3 000 倍液等。

155. 葡萄穗轴褐枯病怎样识别？

葡萄穗轴褐枯病主要为害葡萄幼穗，多在幼穗的穗轴上产生褐色斑点，并向四周扩展，最后整个穗轴变褐枯死，且花穗易折断，后期在病部表面产生黑色霉层。

葡萄穗轴褐枯病（尹向田 拍摄）

 156. 葡萄穗轴褐枯病怎样防治？

农业防治：选用抗病品种，及时清除枯枝落叶、剪除病枝、病果并在远离果园的地方集中焚烧或深埋。花期前后根据土壤墒情小水灌溉，严禁大水漫灌。若灌水过多应及时排水，有条件的地方可实施滴灌，降低地表湿度。控制氮肥用量，增施农家肥，磷、钾肥。适时摘心、摘须、整枝控制新梢生长，保持架面通风透光。

化学防治：葡萄芽萌动前，结果母枝喷洒石硫合剂，消灭越冬菌源。展叶后选用 80% 代森锰锌可湿性粉剂 400～600 倍液、50% 福美双可湿性粉剂 1 500 倍液、50% 异菌脲可湿性粉剂 3 000 倍液喷施，具有良好的效果。花序分离至开花前后是防治葡萄穗轴褐枯病的关键时期，可喷施 50% 多菌灵可湿性粉剂、70% 甲基硫菌灵可湿性粉剂；发病后可用的杀菌剂有 80% 戊唑醇水分散粒剂 2 500～3 000 倍液、40% 苯醚甲环唑 4 000～5 000 倍液、40% 氟硅唑乳油 8 000 倍液等。

157. 葡萄根癌病怎样识别？

葡萄根癌病是世界上普遍发生的一种细菌病害，主要侵染根茎、枝蔓以及嫁接苗接口处。发病初期，发病部位形成质地柔软的绿色和乳白色的瘿瘤，随着瘤体长大，逐渐变为褐色，瘤体表面粗糙变硬。

葡萄根癌病（尹向田 拍摄）

158. 葡萄根癌病怎样防治？

选栽无病苗木：根癌病的防治首先应该杜绝病原的传入，使用无病苗木是防治的基本环节。为防止苗木带菌，应该在苗木栽种前使用 100 倍硫酸铜水溶液浸根 5min，或农用链霉素 100~200mg/L 浸根 20~30min。

果园管理：应加强田间管理，多施有机肥，增施磷、钾肥。尤其是应该注意多施一些酸性肥料，这样不仅可以增强树势，提高抵御病害侵染的能力，另外，还可以造成一个不利于根癌病发生的土壤环境。春季抹芽要早，抹芽后及时喷洒石硫合剂。注意防止冻害，防治好地下害虫，在田间操作时，尤其是埋土地区，尽量避免造成伤口导致病菌侵染。

化学防治：当田间发现病害后，应及时切除或刮治肿瘤。当初发病瘤长到黄豆粒大小时，马上刮除，这样有利于伤口愈合。肿瘤越大，防治的效果越差。刮除后，伤口可用 100 倍硫酸铜液、农用链霉素每升 400~500mg 或 5 波美度石硫合剂进行消毒，消毒后用 1：2：50 倍波尔多液药浆进行保护。处理完后，可用 100 倍硫酸铜液灌根部土壤，杀死土壤中的细菌。

159. 葡萄酸腐病怎样识别？

葡萄酸腐病是果实成熟期的一种严重病害，发病初期在果粒表面出现褐色水浸状斑点，之后病斑不断扩大，果粒变软、果肉变酸腐烂，有汁液从伤口流出，同时有果蝇附着在果穗上。

葡萄酸腐病（尹向田　拍摄）

160. 葡萄酸腐病怎样防治？

农业防治：避免早熟与晚熟品种混种，冬季埋土前、花前及成熟期及时清理果园中病叶、病果。控制氮肥施用量，避免徒长，剪取过多的枝条，保持架面通透。雨水多时及时排水，干旱时期小水勤灌。避免农事操作对果实造成伤口。

物理防治：有条件的地区可搭建避雨设施，果实成熟前搭建防虫网，果实转色成熟前进行套袋处理。将袋口密封好，以防果蝇钻入。酸腐病发生后，可制作糖醋液诱集器诱杀果蝇成虫，每亩设10~15个，定期更换诱集液。

化学防治：喷药时期选择在葡萄的封穗期至果粒开始上色时进行，可喷洒80%必备600倍液+10%歼灭3 000倍液、80%必备400倍液+2.5%联苯菊酯1 500倍液+50%灭蝇胺2 500倍液，由于该病主要在果实生长后期发病，要严格遵守农药的安全间隔期。

161. 怎样识别绿盲蝽？

绿盲蝽 *Lygus lucorum*，半翅目 Hemiptera，盲蝽科 Miridae。若虫共5龄，初孵时绿色，复眼桃红色。5龄若虫鲜绿色，复眼灰色。成虫5mm，雌虫复眼黑色突出，前胸背板深绿色，有许多黑色小刻点。小盾片三角形微突，黄绿色；前翅膜片半透明暗灰色，余绿色。

症状：嫩叶出现枯死小点；细胞坏死，畸形；叶片伸展，形成"破叶疯"；受害幼果斑点由黄色变为黑色。

绿盲蝽（尹向田　拍摄）

162. 怎样防治绿盲蝽？

埋土前，清除枝蔓上的老树皮，剪除有卵剪口、枯枝等；生长期清除杂草；悬挂频振式杀虫灯和性诱剂诱捕器，利用绿盲蝽的趋光性和趋化性进行诱杀。

早春芽前喷施 3~5 波美度石硫合剂；冬卵孵化后，及时喷施吡虫啉、啶虫脒、高效氯氰菊酯等化学药剂；绿盲蝽昼伏夜出，傍晚喷药效果最佳。

163. 怎样识别红蜘蛛？

葡萄红蜘蛛，又称葡萄短须螨 *Brevipalpus lewisi*，蜱螨目 Acarina，细须螨科 Tenuipalpidae。若螨体淡红色或灰白色；幼螨鲜红色，足白色；成螨扁卵圆形，体背中央纵向隆起，背面有网状花纹。

红蜘蛛可导致新梢产生褐色颗粒状的突起；叶片背部成群为害；叶片失绿变黄，焦枯脱落；果皮出现白斑，从果蒂向下纵向排列。

164. 怎样防治红蜘蛛？

冬季清洁果园，埋土前刮除老树皮烧毁，消灭越冬的雌虫，发生被害叶立即摘除，带出果园深埋；定植前用 3 波美度石硫合剂浸泡；或在 30~40℃水中浸泡 5~7min；春季葡萄发芽以及叶膨大吐绒时，喷 3~5 波美度石硫合剂，或者 40%硫黄胶悬剂。

红蜘蛛（尹向田　拍摄）

165. 怎样识别果蝇？

葡萄园中常见的果蝇主要有两种，黑腹果蝇和斑翅果蝇。黑腹果蝇雌虫产卵器管状，腹部正面呈白色，雄虫翅上无黑斑，腹部末端为黑色。斑翅果蝇雌虫产卵器坚硬狭长，雄虫褐色，翅端具一对黑斑。

黑腹果蝇

斑翅果蝇（高欢欢　拍摄）

166. 怎样防治果蝇？

清理果园中的烂果，采收后及时清理落地果、裂果、病虫果。增施钙肥，减少裂果；可搭建防虫网，减少虫源；搭建避雨设施，减少裂果；盛发期利用糖醋酒液诱杀成虫；果实成熟前 7~15d 喷施氯虫苯甲酰胺、多杀菌素、甲维盐等化学药剂；采收后二次喷施，减少翌年虫源。

167. 怎样识别叶蝉？

葡萄斑叶蝉 *Erythroneura apicalis*，半翅目 Hemiptera，叶蝉科 Cicadellidae。体淡黄白色，头顶有 2 个明显的圆形黑色斑点，复眼黑色，前胸背板前缘有 3 个小黑点；小盾片前缘左右各有近三角形的黑色斑纹一个。

以成虫、若虫在叶背吸食汁液，被害叶初现白色小点，在叶片正面逐渐呈现密集的白色失绿斑点，严重时苍白焦枯，提早脱落，影响枝条成熟和花序分化。

叶蝉（高欢欢　拍摄）

168. 怎样防治叶蝉？

改善架面，通风透光；果园周围避免种植其他果树；及时清洁果园病叶；利用其趋光性，可悬挂黄板诱杀，并及时更新；葡萄发芽后以及开花前，选用噻虫嗪、吡虫啉、多杀菌素、高效氯氰菊酯等药剂喷雾。同时，注意喷洒周围杂草和林带。

169. 怎样识别斑衣蜡蝉？

斑衣蜡蝉 *Lycorma delicatula*，属同翅目 Homoptera，蜡蝉科 Fulgoridae。俗

称"花姑娘""椿蹦""花蹦蹦"。若虫身体扁平，黑色，体表有许多小白点。四龄体背呈红色，具有黑白相间的斑点。成虫体长 15～20mm，翅展 40～55mm，翅上具白色蜡粉，前翅灰褐色，分布 20 个左右黑点，端部黑色。后翅基部红色，中间半透明，端部黑色。

以若虫和成虫群集在叶背、嫩叶和茎上为害，被害叶有淡黄色斑点。北方葡萄产区发生较为普遍，但为害一般不重。

斑衣蜡蝉（高欢欢　拍摄）

170. 怎样防治斑衣蜡蝉？

避免种植臭椿、苦楝树等寄主植物，以减少虫源；利用寄生性天敌螯蜂和平腹小蜂，可起到一定的抑制作用；若虫发生期，可喷施高效氯氰菊酯、辛硫磷、毒死蜱等药剂，发生较轻时可不用处理。

171. 怎样识别葡萄蓟马？

葡萄蓟马 *Thrips tabaci*，缨翅目 Thysanoptera，蓟马科 Thripidae。又称烟蓟马、葱蓟马和棉蓟马。若虫初为白色透明，后为浅黄色至深黄色；成虫体长 0.8～1.5mm，淡黄色至深褐色，两对翅狭长，透明。

幼果受害初期，果面上形成纵向的黑斑，严重时形成纵向木栓化褐色锈斑甚至裂果；叶片受害后出现褪绿黄斑，后卷曲干枯。

172. 怎样防治葡萄蓟马？

清理杂草和枯枝落叶，减少虫源；利用捕食性天敌小花蝽，对蓟马有一定的控制作用；开花前或者初花期，使用吡虫啉、功夫等化学药剂喷施葡萄植株。

蓟马 （高欢欢　拍摄）

173. 怎样识别粉蚧？

康氏粉蚧 *Pseudococcus comstocki*，雌虫粉红色，被白色蜡粉，体缘具 17 对白色蜡刺，最后一对最长，与体长接近；雄虫紫褐色，尾毛长于其他蜡毛。

粉蚧可造成葡萄枝干干枯，产生白色的棉絮状蜡粉污染叶片，还可为害穗轴、果蒂和果粒，粉蚧分泌的黏液可招引霉菌寄生，形成煤污病。

174. 怎样防治粉蚧？

果实采收后及时清理果园，埋土前清除枝蔓老树皮，发芽前喷施 3~5 波美度石硫合剂；保护利用自然天敌，如跳小蜂、黑寄生蜂，喷药时避免伤及天敌；在春季卵孵化期和第一代若虫盛发期喷施毒死蜱或阿维菌素或吡虫啉等化学农药。

粉蚧 （高欢欢　拍摄）

第九章
采收与包装

175. 适宜采收期如何确定？

采收是葡萄生产栽培的重要环节，采收期是否适宜，将影响果品的产量、品质和耐贮性及运输损耗。当果实充分发育、形态上达到本品种应有特征时，根据运输、贮藏和消费市场要求进行适期采收。适期采收是提高果品质量的重要环节之一。过早采收，果实达不到品种应有的标准。采收过晚，果实过熟萎缩，不耐运输贮藏。因此，适期采收也是实现葡萄丰产、优质不可忽视的重要一环。确定适宜采收期方法有如下几种。

（1）依果实的成熟度。一般认为适期采收的成熟度为：其外观呈现该品种的固有色泽，略透明，具有较浓的果粉，结果新枝由绿变褐色，果穗主梗逐渐木质化而变成黄褐色；在内在质量方面，表现为浆果变软而富有弹性，品尝时口感好，呈现固有风味，种子暗棕色。以红地球葡萄为例，葡萄颜色紫红或暗紫红色，带果粉，着色均匀一致，色泽鲜亮，果肉硬脆、甘甜、有弹性，果肉与果皮可剥离，能用刀切成片，果梗木质化、抗拉力强，果实不落粒，种子成熟，与果肉可剥离，呈暗棕色，用折光仪测量，葡萄可溶性固形物含量达18%以上，红提葡萄如达到以上成熟标准，即可采收上市。

（2）依果实的生长期。不同品种需生长日数不同，设施栽培条件下的早熟葡萄最早四五月就可以上市，而晚熟葡萄10月甚至11月才成熟采收。因此，掌握不同品种的生长特性非常重要。同果区同一品种从萌芽至充分成熟所需生长日数是相对稳定的，如在西北地区，红地球成熟期为10月上旬，巨峰为8月中旬，红宝石无核为8月上旬等。一般来说，早熟品种生长日数为100~130d，中熟品种生长日数120~150d，晚熟品种130~160d；同一品种在不同的生长区域采收期不同，由于南方地区热资源丰富，春季温度回升早，一年四季温度较北方高，与北方成熟不一致，采收期或早于北方，以露地栽培为例，巨峰葡萄在北方一般8月成熟，而在南方7月就可成熟采收。

（3）依果实的用途。除按不同品种特性确定采收期外，还应根据葡萄的不同用途，决定适宜的采收期。直接食用或短期贮藏的果实，只要糖酸适度，果实香味好，口感好，有九成熟，就可以采收；作为长期贮藏运输的果实，为了获得理想的贮藏效果和尽可能地延长贮藏时间，对供贮藏用的葡萄必须高标准要求，一般应达到的理化指标是：浆果含糖量15%~19%，含酸0.5%~0.8%，糖酸比24~29，原果胶与果胶之比为1.8~2.7。提前采收，浆果成熟度不够，可溶性固形物含量低，酸度高，食用品质不佳，经济效益随之降低；成熟度过高，或成熟后在树上挂果时间长易过熟而产生脱粒，遇雨更易在树上发生裂果和腐烂，还可能遇霜冻，对葡萄贮藏效果产生不利影响。成熟度高的葡萄在采收和运输过程中容易产生机械伤，滋生病害，发生腐烂。一般来说，贮藏品质会随成熟度的增加而降低，贮藏时间相应缩短，贮藏用葡萄采收时以生理成熟为好。

另外，葡萄成熟期多在高温多雨的7—10月，采收时田间气温高、湿度大，葡萄带菌量也大，因此，葡萄采收时要关注天气变化，尽量避开阴雨天。阴雨天采摘，浆果的含水量增高，含糖量下降，并且果穗带水较多，容易感染病害，造成果实腐烂，且不利于葡萄的运输和贮藏。一般采前遇大雨或暴雨，采收期应推迟1周以上；采前遇中雨，采收期应推迟5d以上；采收前如遇小雨，采收期要推迟2d以上。此外，还要强调采前10~15d应停止灌水，否则会大大降低果实硬度、含糖量，降低果实品质。

176. 采收前应做哪些准备工作？怎样采收？

葡萄生产的目的，在于获得优质的果品和取得较高的经济效益。因此，在确定适宜的采收期后就要及时地进行采收和进行商品化处理，以保证果实的最佳品质。为了顺利地进行果实采收，应提前做好各项工作。全面调查，进行较准确估产和判断果实质量，为采收提供依据；计划采果劳力；制作好采果用的工具，如采果筐、凳或采果梯、塑料周转箱等，选好适宜的转运车辆。在选择采果筐和塑料周转箱时，因葡萄容易挤压变软，严重时导致裂果，应注意选择浅而小的专用葡萄采摘器具，并在底部用棉质布、帆布或纸等柔软物内衬，减少对果实造成机械伤。

采收时间应选择晴朗的天气，以早晨和15时后为宜。采果时要保证果实完好无损，特别是果梗果柄较细、易掉粒的品种，采摘时更应注意。同时，要防止拉扯折断枝蔓，以保证翌年丰产丰收。采收为人工手采，严禁粗放采摘。采收人员应剪短指甲，有条件的最好配备手套，采收时手持穗梗，从穗梗与新梢处剪下。一般穗梗留得越长，越有利于贮藏。果穗剪下后，要轻拿轻放，避免碰伤，并很好地保护果粉，然后运往分级场所进行分级包装。供贮藏用的葡萄，应尽量选择生长在葡萄架的中、上部和朝阳方向，穗重要适中，疏密得当，果粒均匀，成熟一致的果穗，剔除破裂、损伤、感染病害的果粒，装入浅而小的中转箱内，深度以摆放一层果穗为好，以免挤压，造成损伤。

采收时的理想状态是无伤采收。所谓无伤采收是指在采收过程中，果品不致因采收方法、使用器具等受到伤害，因为有伤的果品最终会影响保鲜效果和货架期。但目前我国葡萄采收，基本上是人工进行，由于从业人员的认识水平和操作习惯与戴手套、轻拿轻放的精细程度，以及使用的工具等因素，以致在实际操作中很难做到产品的无伤。因此，要真正做到果品的无伤采收，还需要多方合力，详细培训从业人员，并采用适宜的器具和恰当的采收技术等。

果品的中转和运输也是采收环节的重要一环。果实采收后要及时运送到处理厂进行预冷或分级，在此过程中，要尽量避免或减少机械伤。一般要求果品产地到处理厂最长距离不超过 5km，时间不超过 2h，即做到随采随运输，运输工具可用小型人力车、天平车或小型机械车。转运所用的硬质软衬周转箱，盛装量最大不超过 10kg，厚度不超过 15cm，葡萄最好单层摆放，以防止压伤碰伤，果穗间隙可用柔软的绿肥植物或其他填充物衬满，在运输中尽量选择平坦的路面，避免颠簸，防止运输中果穗晃动，造成伤害。在运输距离为 5～50km 时，应采用冷藏车运输。运输中应防止烈日暴晒、雨淋，运输工具必须清洁卫生，严禁与有毒、有异味物品混装、混运。

由于采收时田间气温和葡萄果实的温度均较高，果实的呼吸作用加强，内部成分发生剧烈变化，随之而来的是整个果穗的萎蔫、褐变和霉变，果实的新鲜度和品质迅速降低，为了延缓和抑制这一系列不利的变化，应尽快将采收的果实运往市场销售，用于长途运输、贮藏的葡萄必须先进行预冷。预冷是葡萄贮藏必不可少的第一道工序，预冷一般在产地进行，预冷温度要控制在 -1～0℃，并在 24h 内达到此温度。

177. 包装应注意什么问题？如何进行分级包装？

包装技术已成为果品生产与营销中的一项重要工作。果品作为食品，尤其是作为精品果、高档果的果品，其包装必须做到洁净、无污染、卫生与安全、美观。果实的包装，完全改变了过去用竹筐和条筐包装的习惯，逐渐改为木箱、纸箱和塑料箱包装，还在箱上印有精美的包装图案及相关生产信息。科学的包装是果实商品化、标准化的重要措施之一。

包装前要对果品进行分级，果实分级是市场实行优质优价的基础，也是讲究诚信的前提，是精品果生产的必要手段。实行果品分级，实现优质果、高档果的生产，可提高果品的经济效益。果品的分级，因品种不同，要求也不同。葡萄果实分级就是根据果实的大小、色泽、性状、成熟度、病虫害等情况，进行严格的挑选分级。具体要求为：大粒、中穗、果面干净、光洁、果实有该品种固有的色泽，穗形漂亮，果粒着生紧密度适中，大小均匀，无病虫害、机械伤、腐烂及小粒果；含糖量高，糖酸比适宜，清爽可口，有本品种特有的香味和风味。因葡萄果粒易碰伤挤压，目前我国葡萄分级主要以人工方式进行，在实际操作过程中要注意轻拿轻放，尽量避免和减少对果实的二次伤害。

果品包装应根据不同的档次和规格进行。精品果、高档果包装要精致、美观，包装材料也选用高档的原材料，否则会好货卖不上好价钱，严重影响果品的经济价值。葡萄果品为节约成本，可采用普通包装。在高级市场或超市中，精品果采用小型纸箱、塑料盒包装及单穗小型盒式包装。容量为 0.5kg、1kg、2kg，必要时还要单穗单纸包装。在超市的冷藏货架上对葡萄有简易轻度包装，一般采用塑料底盘、上面覆膜的包装方式，容量仅为 0.25kg 左右；在果品批发市场上，普通用果品的包装有木箱、泡沫箱、纸箱和塑料箱，包装重量为 2.5kg 装、3kg 装、5kg 装、7.5kg 装；在远途运输中，一般用木箱、塑料箱、泡沫箱或泡沫塑料箱，其耐压能力强，可减少对葡萄的二次伤害，还可适当增加运输量；贮藏用包装，一般为 5~7.5kg。包装箱不宜过大，以免保鲜药剂释放不均，造成药害或腐烂。但也不宜过小，否则药剂释放量不好控制；在国际市场上，通用的是硬纸板箱或钙塑箱，容量为 5~19kg，内衬白色包装纸，放有保鲜药剂，或用容量为 1~2kg 的保鲜盒，外再用 10kg 的木板箱包装。无论是何种包装，一定要注意预留通气孔，否则，果实呼吸产生的热量和水分无法顺利排出，会加速果品的衰老腐败，影响其商品价值。

　　葡萄在装箱时要轻拿轻放，选择果面比较平整的一面放入包装箱内，以增大受力面积，减少挤压碰触。可以选择专用纸袋或泡沫网袋包裹果实，在挤压发生时能起到缓冲保护作用，减少机械伤。装箱时尽量装满，以减少果实运输过程中在箱体内的滑动。用于长期贮藏的葡萄，必须在箱内放置保鲜剂，生产上常使用二氧化硫缓释剂，因为二氧化硫有抑制真菌病害发生的作用，防止或延缓果实霉烂，还可以降低果实的呼吸强度和水分的蒸发，有利于保持果实的营养成分。

　　包装好的葡萄箱体上应打上标志，标明品名、品种、等级、产地、净重、包装日期，字迹应清晰端正，颜色不易脱落。

第十章
常见问题答疑

178. 葡萄大棚种植应该注意什么？

北方地区冬季的葡萄一般都是在温室大棚里种植的，应该注意：①温度控制及时通风；②控制徒长、补光；③湿度控制。

（1）温室大棚萌芽至开花期夜间的温度在 16~18℃，控制白天的温度在 20~25℃，不超过 27℃。幼果膨大期，温室大棚内白天气温控制在 28~30℃，夜间仍维持 18~22℃。阴天在保证温度的情况下，也要尽量进行放风降温，防止植株徒长。

（2）控制徒长，葡萄徒长削弱了其生殖生长，在控制好徒长的基础上，通过开关通风口加大通风量，擦洗棚膜上的水珠、尘埃，增强膜的透光性。有条件的可采取人工补光（用 3 根 60 瓦日光灯并联悬在植株上 45~60cm 处，每天补光 2~3h），提高葡萄的净光合效能，促进葡萄坐果和果实发育。

（3）萌芽室内湿度控制在 85% 左右。开花期及后期室内空气湿度应控制在 65% 左右较好。

179. 阳光玫瑰病毒病怎样解决？

零星发生的病毒病可以揪掉病枝。当树势强壮时，剩下的正常枝条就可以正常生长；病毒病发病较轻的葡萄树，可以选用植病灵、病毒 A 等化学药剂进行叶面喷雾。植病灵建议使用 1 000~1 500 倍液，病毒 A 建议使用 400~600 倍液，可取得良好效果。如果树势衰弱特别是根系衰弱时，病毒病的症状就会加重，需要从改良根系环境、促进根系发育方面入手。如果蓟马、绿盲蝽等小虫来推波助澜的话，极有可能大面积暴发的病毒病，严重影响长势和效益。

180. 什么是日烧？

日烧是指在阳光直射、温度较高的情况下，葡萄幼嫩组织、果实和叶片受到伤害的现象。

果实的日烧在红地球、阳光玫瑰等部分品种上经常发生，其原因是在幼果初期可以用来蒸发水分和带走多余热量的果皮表面皮孔在封穗期前后关闭，在果皮没能适应新条件的情况下，就容易发生日烧。

日烧

181. 什么是气灼？

除日烧外，另一种常见的高温伤害就是气灼，高温强光条件下造成水蒸气或空气温度过高，这种高温气流经过葡萄绿色组织时所形成的伤害就叫气灼。

182. 气灼日烧问题如何解决？

（1）及时搞好夏季修剪工作，最好能在开花前完成枝梢的绑缚；通过果穗旁留副梢叶片，果穗及果穗上一节留两个副梢；果粒黄豆粒大小时完成疏果工作，调节负载量，保证树势健壮。

（2）果穗上打伞和套袋等措施，能有效地防止日烧和气灼。

（3）园区及早覆盖遮阳网，田间生草或覆盖减少地面辐射。

（4）增施有机肥，保持土壤疏松，增加其保水性能，促使根系健壮，增强树势，同时避免过多施用速效氮肥。

（5）在阴雨过后的高温天气，对叶面和果穗上喷施腐殖酸类产品，形成保护膜，预防日灼。

183. 种植前如何调理好土壤，选择亩用多少有机肥合适？

确定土壤肥力，判断土壤质量、pH 值、盐碱、缺素症等问题。

新建园推荐局部沃土、疏松土壤，足量腐熟有机肥每亩 10t 左右；机械挖沟（80cm×80cm），一次性完成作业；沟内全部为表层土+有机肥+秸秆，完成后行间为生土；种植苗木时根据土壤缺素情况亩使用 500~1 000kg 微生物有机肥+目标化肥，和土拌匀，再种，浇灌。

184. 阳光玫瑰在管理过程中如何把握用肥量？

（1）春季萌芽前根据上年底肥状况施壮芽肥，每亩施尿素 5~10kg、复合肥（17-17-17）15~20kg、硼砂 2kg。

（2）花前、盛花期主要喷施钙、铁、硼、锌肥。坐果后及时施用壮果肥，每亩施高氮含钙复合肥 15~20kg，保证幼果和枝叶生长需要。

（3）转色前后控制氮肥，而以叶面喷施钾、钙肥为主。立秋前后，采用高磷高钾高钙型肥料，促进果实糖分积累、枝条老熟和花芽分化，一般使用 3 次，间隔期 15d。

（4）采收后尽快喷施月子肥，以复合肥为主。在日均气温达到 22℃ 时进行秋施基肥，以商品有机肥、农家肥为主，成龄果园，每亩施用 2t 农家肥，复合肥 30kg 左右，钙镁磷肥 50kg 左右。

（5）每次施肥后进行灌溉，每年冬季进行冬灌。

185. 怎么能让葡萄增糖提香？

葡萄果实的养分积累分四步：先形成酸，二形成糖，三形成色素，四形成香味。

（1）新梢不得旺长。

（2）保证叶片质量，有一定比例新叶。

（3）注重养分供应，高钾、中磷、微氮。

（4）保证钙的供应和有效累积，葡萄对钙的需求量比磷的需求量高。

186. 阳光玫瑰膨果时穗型出现穗长弯曲是什么原因，如何解决？

原因：保果处理过早，会出现大小粒现象，穗轴弯曲、僵硬。

解决办法：于满花后 1~3d 进行保果处理。已经出现穗轴弯曲，症状轻的可以后期果粒膨大过程中，重力作用果穗拉直；穗轴僵硬过于弯曲的，则需要及时去除穗尖弯曲部位，促进剩余果粒膨大。

187. 怎样去增大叶片，一穗两斤左右的葡萄需要留几片叶合适？

叶果比至少保持 25：1 左右（含副梢叶片），25 片叶养一个果穗。如果少于这个标准，留穗过多容易造成 3 个问题：一是产量超标，果粒的大小和质量明显下降，糖度可以达到 18，但是香味上不去；二是密度过大，枝条不老熟，造成翌年产量下降；三是果穗过密，生理病害严重，很难防治。

萌芽期至新梢生长期，施用高氮促根肥料、提高地温，促进根系吸收；阳光玫瑰树势较强，往往很早就能生长出比较大的叶片，通常穗上一叶摘心，这样会迅速形成 2~3 片强势大叶片，顺理成章地早早拉开果穗，也为接下来的花期管理打下了良好的基础。

188. 去粉增亮怎么处理，什么时候处理？

"果粉""果锈"问题一直困扰着种植户。研究表明，提高果皮中的钙含量，控制过度施氮肥（氮和钾会妨碍钙吸收）；扩大树冠面积；减轻坐果负担；套有色袋（绿色、蓝色）可有效预防果锈的产生。同时，用药时应以高质量水剂、悬浮剂或水分散粒剂的杀虫杀菌剂为主，避免使用乳油和劣质粉剂，影响果面的光泽度。

果粉在幼果膨大期积累，到成熟期随果实膨大逐渐减少，可不做特殊处理。目前去果粉的药剂有喹啉铜、昆仕汀等，喹啉铜可配合膨果药剂使用，33.5%稀释 1 000 倍；昆仕汀可以在膨果后套袋前配合药剂使用；市面上还有橘皮精油、亮果作用的有机水溶肥等，都可以作为去果粉药剂。

附　录
山东省农业科学院
相关院所及专家简介

1. 山东省葡萄研究院简介

山东省葡萄研究院成立于 1957 年，原名山东葡萄试验站，隶属国家食品工业部制酒工业管理局。1981 年 3 月更名为山东省酿酒葡萄科学研究所，2013 年 5 月更为现名。2014 年 12 月划归山东省农业科学院管理。山东省葡萄研究院是一所集葡萄种质资源收集保存与创新利用、葡萄优良品种培育、葡萄生理与栽培、葡萄病虫害防控、葡萄酒果酒酿造加工、葡萄酒经济信息与文化、文献出版于一体的公益性全链科研机构。是中文核心期刊《中外葡萄与葡萄酒》的主办单位，山东省葡萄与葡萄酒协会会长单位。现有职工 84 人，其中，专业技术人员 74 人，高级职称以上专业技术人员 28 人，博士 24 人。先后有 10 余人获得国务院政府特殊津贴、山东省有突出贡献中青年专家、山东省专业技术拔尖人才和山东省轻工系统拔尖人才等荣誉称号。建有"山东泰安国家葡萄种质资源圃及专业测试站""山东省葡萄栽培与精深加工工程技术研究中心""农业部农产品质量安全风险评估实验站（济南）"等科研创新平台。

联系电话：0531-85598058

2. 专家简介

（1）李勃，男，博士，研究员，现任山东省葡萄研究院院长。依托国家现代农业葡萄产业技术体系、山东省现代农业产业体系等平台，以服务"三农"为根本，围绕葡萄产业发展需求和共性问题，重点开展葡萄优质高效栽培技术创新与推广应用工作。团队主要研究方向：①现代化高效设施栽培模式研发；②耐盐、抗寒、抗病等逆境机理；③水肥高效利用；④葡萄香味、色泽、糖分转运等果实品质调控研究。

（2）吴新颖，女，硕士，研究员，现任山东省葡萄研究院专职党委副书记，山东省现代农业产业技术体系果品产业创新团队济南试验站站长。从事葡萄栽培生理研究 20 余年，主要开展以鲜食葡萄为主的葡萄新品种、新技术研究、示范及技术试验等工作，具有丰富葡萄栽培管理经验。工作至今，先后发表论文 60 余篇，其中以第一或通信作者发表论文 20 篇，SCI 论文 3 篇；刊载国家葡萄产业体系技术通讯 20 余篇，撰写工作简报近 30 篇；申获实用新型专利 4 项，其中，第一发明人申获实用新型专利 2 项；团体标准 2 项。

（3）王显苏，男，硕士，高级工程师，山东省葡萄研究院葡萄产业经济与信息创新团队首席专家。主要研究方向为葡萄产业经济、信息，葡萄酒、果酒酿造工艺，葡萄酒、果酒感官品评。主持了山东省农业重大应用技术创新项目"乡村旅游果酒产地加工模式建立与关键技术研究应用"。研究建立适宜现代农业园区的加工模式和技术体系。主持"国家葡萄产业技术体系葡萄产业数据库开发项目"，完善我国葡萄产业体系历年大量调查数据的管理问题。

（4）陈迎春，女，硕士，农艺师，山东省葡萄研究院葡萄高效栽培创新团队成员。国家葡萄产业技术体系济南综合试验站核心成员、山东省现代农业产业技术体系果品产业创新团队济南试验站核心成员。从事葡萄栽培生理研究10余年，主要开展以鲜食葡萄为主的葡萄新品种、新技术研究、示范及技术试验等工作，具有丰富的葡萄栽培管理经验。承担山东省重点研发计划、农业农村部农产品质量监管项目、中国农业大学"国家葡萄产业数据库开发"项目、山东省农业科学院创新工程等10余项，发表学术论文20余篇，参编著作1部，授权专利10余项，其中，发明专利4项。

（5）韩真，女，硕士，助理研究员，山东省葡萄研究院葡萄高效栽培创新团队成员。从事葡萄高效栽培技术的研究与应用示范工作。主持山东省重点研发计划、山东省重大科技创新工程子课题等项目，先后参与"十二五"农村领域国家科技计划、山东省重大科技创新工程、山东省农业重大应用技术创新项目等项目。曾荣获山东省农牧渔业丰收奖二等奖，泰安市科技进步奖一等奖，山东省农业科学院科技进步奖一等奖、林业科技进步奖二等奖等奖项。在国内外学术期刊上发表论文30余篇，授权国内专利17项，其中发明专利5项，制定地方标准1项，团体标准2项，编写著作1部，审定葡萄新品种3个。

（6）吴玉森，男，博士，助理研究员，山东省葡萄研究院葡萄高效栽培创新团队成员。主要研究方向为葡萄芳香品质形成与调控。围绕果实香味品质形成与调控的生理分子机制，通过感官评价、GC-MS等技术，鉴定果实香味物质及其角色，并结合代谢组学和转录组学等方法，揭示果实芳香物质的调控机制与生理功能。主持山东省农业科学院农业科技创新工程人才类项目1项；参与山东省农业科学院农业科技创新工程1项，参与制定标准2项。在 *Food chemistry*、*LWT-Food Science and Technology* 和《中国农业科学》等国际、国内知名期刊发表论文6篇，其中，SCI论文5篇；分别在国际、国内会议做口头报告2次和3次。